Leitung:
J. David Hernández Chacón
Beratung:
Rodrigo Hernández Cabos
Farbprofile:
Rodrigo Hernández Cabos
Carlos de Diego Vaquerizo
Technische Beratung:
Rodrigo Hernández Cabos
Juan Carlos Toledo Miranda
Text:
Rodrigo Hernández Cabos
Übersetzung:
Karl Veltzé
Design und Layout:
Kommad Publicidad S.L.
Druck:
Dharma s.l.
Herausgeber der Originalausgabe:
ACCIÓN PRESS S.A.
C/ Ezequiel Solana 16 bajo
28017 Madrid (Spain)
Tel.: (34) 913 675 708
Fax: (34) 914 085 841
accionpress@euromodelismo.com
www.euromodelismo.com
Facebook: Euromodelismo
Panzer Aces
Herausgeber der deutschen Ausgabe:
ZEUGHAUS VERLAG GmbH
Knesebeckstr. 88
10623 Berlin
Telefon: 030/315 700 30
Email: info@zeughausverlag.de
Internet: www.zeughausverlag.de

ISBN: 978-3-938447-98-7

INHALT

AF833695

EINLEITUNG

In den letzten fünfzehn Jahren haben die Forschungen über die deutschen Kampfpanzer des Zweiten Weltkriegs zahlreiche offene Fragen beantworten können. Etliches, was wir in Bezug auf deren Tarnanstriche für selbstverständlich hielten, musste aufgrund neuer Erkenntnisse neu verortet werden. Diese neuen Informationen machen zwar nur einen Bruchteil des derzeitigen Wissensstandes zu diesem Thema aus, trugen aber dennoch dazu bei, dass unser Verständnis der deutschen Tarnanstriche des Zweiten Weltkriegs erheblich überarbeitet und aktualisiert werden konnte.
Der vorangegangene Titel „Panzer-Aces – Farbprofile" zum Thema Deutsche Panzerfahrzeuge vom Panzer I bis zum Panzer IV behandelte den Zeitraum von 1935 bis zum Jahr 1943, als der deutsche Machtbereich seine größte Ausdehnung erreicht hatte. Dieser Titel ging auch auf die Truppenkennzeichen ein, die von verschiedenen Panzerverbänden des Heeres, der Luftwaffe und der Waffen-SS verwendet wurden. Seit dessen Veröffentlichung im Jahr 2003 kamen so viele neue Erkenntnisse und Forschungsergebnisse zusammen, dass wir nun diesen zweiten Band zu dem kontroversen und spekulationsgeladenen Thema Tarnanstriche herausbringen können. Dabei nutzen wir die Gelegenheit, einige althergebrachte Ansichten durch die Neuinterpretation zeitgenössischer Fotos zu korrigieren, vor allem hinsichtlich jener späten Tarnmuster, die zwischen September 1944 und April 1945 verwendet wurden.

Bibliografische Informationen der Deutschen Bibliothek.
Die Deutsche Bibliothek verzeichnet diese Publikation in der
Deutschen Nationalbibliografie; detaillierte bibliografische Daten sind im Internet über http://dnb.ddb.de abrufbar.

Dunkelgrau
RAL 7021
RAL
CLASSIC
RAL-K1
ORIGINAL RAL
RAL 5014
RAL 5015
RAL 5017
RAL 5018
RAL 5019
RAL 5020
RAL 5021
RAL 5022
RAL 5023
RAL 5024
RAL 6000
RAL 6001
RAL 6002
RAL 6003
RAL 6004
RAL 6005
231

DEUTSCHE TARNANSTRICHE 1943-1945

Die Zeit zwischen 1943 und 1945 ist von jeder Warte aus betrachtet sehr interessant: Sie brachte nicht nur eine erhebliche Umkehrung des „Kriegsglücks“ mit sich, sondern auch eine richtiggehende Revolution bei den deutschen Panzerfahrzeugen. In diesem Zeitraum erreichte das Design der gepanzerten Fahrzeuge seinen Höhepunkt und es wurden die am weitesten entwickelten Fahrzeuge in Dienst gestellt. Im August 1942 tauchte erstmals einer der symbolträchtigsten Panzer des Zweiten Weltkrieges auf, der Tiger I, und zwar im Leningrader Sektor, bei der schweren Panzerabteilung 502. Dieser Typ wurde rechtzeitig eingeführt, um an dem letzten erfolgreichen Großunternehmen der deutschen Armee, der Schlacht bei Charkow, teilzunehmen. Hier konnte sich der neue deutsche Kampfpanzer mit dem sowjetischen T-34 messen, dem bis dato besten Panzer, und erwies sich diesem als technologisch überlegen.

Eine weitere wesentliche Änderung betraf den Anstrich der deutschen Militärfahrzeuge, denn zum Ende des Winters 1942/43 hatte sich herauskristallisiert, dass hier ein vereinheitlichtes Tarnschema wünschenswert wäre. Dieses wurde mit Verfügung vom 18. Februar 1943 eingeführt und ist in den Allgemeinen Heeresmitteilungen (HM) Nr.181 des Jahres 1943 festgehalten. Von nun an wurden sämtliche Neufahrzeuge der Wehrmacht in dem Grundton Dunkelgelb RAL 7028 ausgeliefert, einem hellen erdfarbenen Ton, der sich in den meisten Einsatzräumen fand. Die RAL-Nummern der Farben wurden vom 1925 gegründeten „Reichs-Ausschuss für Lieferbedingungen“ eingeführt, dessen Nachfolger, das RAL Deutsche Institut für Gütesicherung und Kennzeichnung e. V., dieses heute noch weltweit gültige Farbsystem – leicht abgeändert - weiterführt (seltsamerweise wurde der Farbton RAL 7028 als einer von wenigen 1961 aus der RAL-Liste gestrichen).

Die neue Vorschrift HM 43, Nr. 181 kam erst im Mai/Juni 1943 richtig zum Tragen, als die neu entwickelten Panzermodelle Panther und Tiger auf dem Schlachtfeld auftauchten. Nicht nur diese, sondern auch Panzer IV und Panzer III wurden nun ab Werk in dem Farbton RAL 7028 ausgeliefert. Um das Fahrzeug an die örtlichen Gegebenheiten anzupassen, erhielt die Truppe Tarnpasten in den Farben Olivgrün (RAL 6003) und Rotbraun (RAL 8017), die in 20-kg-Dosen geliefert wurden, und je nach Jahreszeit und Vegetation „nach eigenem Ermessen“ auf dem dunkelgelben Grundanstrich aufzutragen waren. Das ebenfalls verfügbare Graugrün (RAL 7008) eignete sich mehr für Wüstengebiete, auf die wir aber in dieser Publikation nicht eingehen werden, da sie in einem zukünftigen Band behandelt werden. Die Tarnpasten konnten sowohl unverdünnt als auch mit Wasser oder Treibstoff verdünnt angewendet werden. Zum Aufbringen der Tarnflecken wurden Pinsel, Bürsten oder Lappen eingesetzt; beim Verdünnen der Paste mit Wasser konnten die Flecken auch mit der Spritzpistole aufgebracht werden.

Die Entscheidung, sämtliche Fahrzeuge im Werk nur in der Grundfarbe zu lackieren, erwies sich als richtig, denn die russischen Landschaften variieren je nach Ort und Jahreszeit sehr stark. Für die Monate März bis Juli etwa eignen sich Gelb- und Grüntöne sehr gut. Im Spätsommer und Herbst wurden anstelle des Olivgrüns, oder auch zusätzlich dazu, rotbraune Tarnflecken aufgemalt. Der in der russischen Steppe vorherrschende Farbton wiederum ist gewöhnlich ein Rötlichgelb, so dass eine große Anzahl von Fahrzeugen in diesem Einsatzraum einen entsprechenden Anstrich erhielt. Bewegt man sich hingegen nach Norden, trifft man auf ein völlig anderes Terrain. Das Gebiet um Leningrad etwa ist sehr stark bewaldet, hier herrschen v. a. die Farben Gelb und Grün vor. In der Panzerschlacht bei Kursk trugen die deutschen Fahrzeuge einen frischen Zweifarb-Anstrich, der von Einheit zu Einheit ein etwas anderes Muster aufwies, bei dem aber durchgängig das rotbraune RAL 8017 dominierte. Hier war erstmals auch ein Dreifarb-Tarnmuster zu beobachten, welches sich immer mehr verbreitete und schließlich zum allgemein üblichen Anstrich wurde.

Viele der Panzer- und sonstigen Fahrzeuge, welche die bisherigen Einsätze überstanden hatten, trugen noch den alten dunkelgrauen Anstrich (RAL 7021). Um diese an das Gelände anzupassen, wurden mitunter bräunliche Tupfen oder Flecken auf die graue Grundfarbe aufgebracht, entweder mit Gelbbraun (RAL 8000), Graugrün (RAL 7008) oder Sandgrau (RAL 7027). Durch diese Kombination aus alten und neuen Farben ergaben sich recht abwechslungsreiche Tarnmuster, etwa bei der SS-Panzer-Division „Das Reich“, wo der dunkelgraue Grundanstrich mit in gelben, braunen oder auch feldgrauen (RAL 6006) Tarnflecken versehen wurde. Noch kurz eine Klarstellung zu dem Dunkelgrau (RAL 7021), in dem die frühen Tiger lackiert wurden, welches häufig einen grünlichen Stich zu haben schien. Dies kam daher, dass bei einigen Einheiten eine reichlich verdünnte und daher transparente grüne Farbe darüber aufgetragen wurde – entweder auf das ganze Fahrzeug oder nur als Tarnflecken –, wodurch sich zusammen mit der grauen Farbe ein graugrüner Schlusston ergab.

Bis 1943 wurden die meisten Panzerfahrzeuge weiterhin mit dem Unterscheidungszeichen der jeweiligen Einheit und ihrer Kennnummer versehen, doch ab 1944 begannen erstere immer seltener zu werden, so dass nur noch die Kennnummern am Turm übrig blieben, die in einigen Fällen aber auch weggelassen wurden. Nur die Panzereinheiten der Waffen-SS behielten ihre Truppenkennzeichen bis Anfang 1945 bei, also fast bis zum Kriegsende.

Mit dem Jahr 1943 sollten die drei Tarnfarben jeweils über ein Drittel der jeweiligen Fahrzeugoberfläche aufgetragen werden, also zu gleichen Teilen. Allerdings variierte, wie oben bereits dargelegt, das eigentliche Tarnmuster je nach Gelände.

Im Verlauf des Jahres 1943 führten verschiedene Umstände dazu, dass die Tarnmuster zunehmend aufwendiger gestaltet wurden. Die Deutschen verloren allmählich ihre Luftüberlegenheit, weswegen sich ihre Verbände mehr und mehr auch gegen die Erkundung aus der Luft tarnen mussten. Die Zeit der großen Angriffsschlachten war für sie vorbei, stattdessen waren sie nun v. a. in Rückzugsgefechte oder Hinterhalte verwickelt. Zudem wurde die Wehrmacht im Osten aus der russischen Steppe zurückgedrängt und die bewaldeten Gebiete mit ihren dominanten grünen Farben traten an ihre Stelle. Infolgedessen kamen nun zwei neue Arten von Tarnanstrichen auf. Das Ziel des einen war die weitgehende Unsichtbarmachung durch Verschmelzen mit dem örtlichen Gelände. Der andere sollte die Konturen des Fahrzeugs aufbrechen, um die Aufklärung aus der Luft und vom Boden aus zu erschweren. Aus diesem Ansatz heraus entstanden recht bunte und fantasievolle Entwürfe (welche heute mit so klangvollen Namen wie „Verzerrungstarnung" oder „Hinterhalts-Tarnung" bezeichnet werden), die entweder versuchten, die Konturen des Fahrzeugs aufzubrechen oder das Lichtspiel unter den Bäumen aufzunehmen, um nicht von feindlichen Flugzeugen entdeckt zu werden.

1943/44 kamen bei deutschen Panzern die drei folgenden Schutzanstriche bzw. -maßnahmen zum Einsatz, von denen zwei dem Korrosionsschutz des Panzerstahls dienten. Zunächst wurde das ganze Fahrzeug einer als Phosphatierung bezeichneten chemischen Behandlung unterzogen, bei der eine wässrige Zink-Phosphatlösung eingesetzt wurde. Auf der Metalloberfläche bildete sich dabei eine dünne Konversionsschicht mit leicht porösem Aufbau, die nicht nur Schutz vor Rost bot, sondern auch einen guten Haftgrund für Lacke. Bei der überwiegenden Mehrheit der deutschen Geschütze, Panzer- und anderer Fahrzeuge nahm die Phosphatschicht einen sehr hellen Grauton an, konnte aber beim Einsatz anderer Phosphate auch dunklere Grautöne aufweisen. Nach dieser Behandlung wurde eine rotbraune Rostschutz-Grundierung auf das ganze Fahrzeug oder zumindest Teile davon aufgetragen, als zweiter Schutzanstrich. Anschließend wurde dann eine Schicht der antimagnetischen Zimmerit-Paste auf Wanne und Turm aufgebracht, die einen gelblich-grauen bis hellgelben Ton hatte. Erst danach bekam das Fahrzeug seinen Grundanstrich aus Dunkelgelb (RAL 7028) und dann Tarnflecken in Rotbraun (RAL 8017) und Olivgrün (RAL 6003) verpasst. Allerdings machte sich ab Mitte 1944 die zunehmende Rohstoffverknappung auch bei den Tarnanstrichen bemerkbar. Einige Farben waren nicht mehr lieferbar, allen voran Rotbraun (RAL 8017). Zwar konnte man auch auf das

1 Wanne und Turm eines Tiger I nach der Phosphatierung, welche als Korrosionsschutz diente.

2 Auf die Wanne wurde rotbraune Rostschutz-Grundierung (RAL 8012) aufgetragen; für den Turm war hier allerdings nicht mehr genug davon da.

als Rostschutz verwendete Rotbraun RAL 8012 zurückgreifen, doch da dieser Farbton Blei enthielt, wurde auch er allmählich knapp. Manche Hersteller, wie etwa die Daimler-Benz AG, mussten beim Rostschutz ohne Bleimennige auskommen, so dass ihre Fahrzeuge in dem hellgrauen, grünlichen oder bläulichen Ton ausgeliefert wurden, den die Metalloberfläche durch Phosphatieren bekommt.

Dazu nun eine interessante Denkaufgabe: Welche Farbe trat wohl hervor, wenn das Zimmerit vom Fahrzeug absplitterte? Eigentlich müsste bei allen Panzern, die zwischen 1943 und Mitte 1944 ausgeliefert wurden, unter dem abgesplitterten Bereich die rotbraune Grundierung RAL 8012 zu sehen gewesen sein, was tatsächlich auf vielen Fotos aus jener Zeit erkennbar ist. Doch manchmal blieb die rotbraune Grundierung an dem abgeplatzten Zimmerit haften, so dass das Hellgrau der darunterliegenden Phosphatierung zu sehen war.

Bei den ganz späten Panzerkampfwagen wurde die rotbraune Grundierung nicht mehr aufgebracht, so dass unter abgeblätterter Farbe und Zimmerit der graue Korrosionsschutz hervortrat. Man konnte auch Fahrzeuge sehen, deren Wanne mit der Grundierung RAL 8012 untermalt worden war, während der Turm nur phosphatiert wurde. Überdies war in den letzten Kriegsmonaten die dunkelgelbe Grundfarbe nicht mehr in ausreichender Menge verfügbar, so dass Fahrzeuge nun ab Werk in Olivgrün (RAL 6003) lackiert und direkt mit Tarnpasten in Rotbraun, Grau oder Graugrün getarnt wurden. Manchmal wurden auch rotbraune Grundierung und grüne Tarnpaste direkt auf dem hellgrauen, phosphatierten Metall aufgetragen, was einen sehr interessanten Kontrast ergab.

Bei den 1945 gefertigten Farben herrschte ein ziemliches Durcheinander vor, weil viele der dafür notwendigen Rohstoffe nicht mehr aufzutreiben waren. Davon war, wie erwähnt, nun sogar auch das Dunkelgelb (RAL 7028) betroffen, die rotbraune Grundierung war ja schon länger knapp. Dies lässt sich u. a. an einem Tiger II sehen, der in den Henschel-Werken in Kassel hergestellt wurde und ein ganz eigentümliches Tarnmuster trug, welches heute manchmal auch als „Kraken-Tarnung" bezeichnet wird. Man ging lange davon aus, dass dieses Muster in dem rotbraunen RAL-Ton 8012 ausgeführt worden war, doch heute weiß man, dass es vielmehr ein dunkelgrüner Ton war, möglicherweise Flaschengrün (RAL 6007). Gerade in den letzten Kriegstagen war fast jede Farbkombination möglich und oft genug scheint es sich bei der Grundfarbe um phosphatiertes Metall zu handeln.

3 Über dem doppelten Schutzanstrich wurde die Zimmerit-Paste (gegen Haftladungen) aufgetragen und zwischen 1943 und Mitte 1944 dann das ganze Fahrzeug in Dunkelgelb (RAL 7028) lackiert.

4 In den Panzereinheiten selber gab es Tarnpasten in unterschiedlichen Tönen, mit denen zur Jahreszeit und jeweiligen Vegetation passende Tarnmuster auf die Fahrzeuge aufgebracht werden konnten. In diesem Fall wurden Rotbraun (RAL 8017) und Olivgrün (RAL 6003) auf dem Grundanstrich aufgebracht. Letzteres wurde in waldreichen Gebieten vermehrt verwendet.

1945 wurde der Versuch unternommen, zusätzliche Farbtöne einzuführen, die einfacher herzustellen bzw. in ausreichender Menge lagernd waren. Es waren dies Resedagrün (RAL 6011), Flaschengrün (RAL 6007), Sandgrau (RAL 7027), ein graugrüner Ton und die vier oder fünf Varianten von Dunkelgelb, welche bereits im Einsatz waren. Allerdings wurden sie aus bereits angeführten Gründen nie normiert.

Um die ganze Geschichte der Tarnfarbenanstriche und der Unterscheidungszeichen der Wehrmacht im Zweiten Weltkrieg zu verstehen, empfehlen wir Ihnen, Band 1 der „Panzer Aces – Farbprofile" zu konsultieren, da alle darin enthaltenen Informationen in diesem Band weggelassen wurden.

Sämtliche Farbprofile in diesem Werk wurden nach zeitgenössischen Fotografien erstellt, die aus den in der Bibliografie aufgelisteten Publikationen stammen. Mehrere unserer Interpretationen stimmen nicht mit denen anderer Autoren überein, in der Regel wegen der Wirrungen, die sich durch die Verwechslung des grünen RAL 6003 mit dem rotbraunen RAL 8017 ergeben. Unser Kriterium war das panchromatische System, dem auch die Marken AGFA und Kodak folgten. Zum Verifizieren der von uns interpretierten Farbgebungen haben wir unsere Zeichnungen im Photoshop-Programm zu Graustufen gewandelt, wobei die Palette der Grautöne von Schwarz-Weiß-Filmen ebenfalls auf dem panchromatischen System basiert. Diese Unterscheidung fällt bei den sehr späten Tarnmustern stärker ins Auge, wo die Grüntöne gegenüber den Brauntönen sowohl in der Intensität als auch in der bedeckten Oberfläche überwogen (was sich auch in den Vorschriften wiederfand).

Um zu verdeutlichen, wie sich das Aussehen von Kampffahrzeugen im Einsatz allmählich veränderte, sowohl durch die Witterung wie auch durch Feindeinwirkung, haben wir für dieses Buch die einzelnen Schritte dieser Entwicklung festgehalten, von der ersten Oberflächenbehandlung in der Fabrik bis zum letzten Kampfeinsatz, der hier mit dem Ausbrennen des Panzers endet.

Eine ungemein interessante Schilderung dessen, was mit einem Kampfpanzer passieren kann, der lange im Einsatz war, findet sich in dem Buch „Tiger im Schlamm" des Eichenlaubträgers Otto Carius (1922-2015), einem der erfolgreichsten Panzerkommandanten des Krieges. Sein Bericht über die Schäden, die ein Tiger während seiner Gebrauchsdauer erleiden konnte, ist sehr aufschlussreich, denn dieses Panzerfahrzeug konnte tatsächlich über einen recht langen Zeitraum ziemlich viel wegstecken.

5 Die Nummern am Turm, welche Auskunft über Kompanie, Zug und das Fahrzeug im Zug gaben, wurden fast den gesamten Krieg über beibehalten. Die Unterscheidungszeichen hingegen wurden immer seltener verwendet und am Ende gab es Panzer ganz ohne Kennung.

6 Sobald ein Panzer in den Einsatz ging, begannen sich Dreck, Öl und Fett langsam festzusetzen. Regen hinterließ noch deutliche Schlieren auf dem Anstrich, Oberflächenrost war in den ersten Monaten allerdings noch selten.

In seinen Erinnerungen schildert Carius, dass die Angehörigen der Propagandakompanien nur wenige Fahrzeuge seiner Einheit fotografierten, da sie nicht gerade fotogen waren; vielmehr beschränkten sich die PK-Männer darauf, die paar vorzeigbaren Tiger abzulichten. Bei den meisten Panzern nämlich waren die Farben ausgebleicht und abgerieben, die Fahrzeuge von einer Staub- und Schlammschicht überzogen, dazu kamen Öl- und Fettflecke und Dreckschlieren, wenn es regnete. Zudem schossen die Sowjets mit allem, was sie hatten auf die Tiger, vom Molotow-Cocktail und Handgranaten über Mörser bis zu Panzerabwehrgeschützen und eigenen Panzern. Um die Besatzungen zu blenden wurden Splitterhandgranaten gegen Winkelspiegel und Periskope eingesetzt, und auch wenn sie die Panzerung selber nicht durchdrangen, so blieb doch das Metall nackt und zerkratzt zurück. Granatsplitter durchschlugen Kettenabdeckungen und andere dünne Teile. Die deutschen Panzerinstandsetzungs- und Bergedienste, die hervorragende Arbeit leisteten, wussten um die Knappheit ihrer besten Kampfpanzer wie den Tiger und waren fortwährend im Einsatz, um beschädigte Panzer zu bergen, die im Niemandsland oder gar hinter den feindlichen Linien liegen geblieben waren. Geborgene Fahrzeuge, die irreparabel waren und nicht wieder in Betrieb genommen werden konnten, wurden weitestgehend ausgeschlachtet. Daher war es durchaus üblich, an einem Panzer Laufrollen von verschiedenen Fahrzeugen mit unterschiedlichen Lackierungen zu finden. Selbst ganze Türme wurden recycelt, mit entsprechend abweichenden Tarnanstrichen. Die Tarnbemalung wurde nur äußerst selten abgewaschen und erneuert, da die Tiger eigentlich nie zur Ruhe kamen, sondern fast ununterbrochen im Einsatz waren, um Frontlücken zu schließen oder feindliche Einbrüche und Vorstöße zurückzuschlagen.

Die Motorabdeckung hinten war voller Fett, Öl und verschüttetem Treibstoff, die sich mit Staub und Schmutz vollsaugten. Das Laufwerk (Triebrad, Leitrad und Laufrollen) musste stets gut gefettet sein. Die Laufrollen waren recht anfällig und daher die Teile eines Panzers, die am häufigsten gewechselt werden mussten. Diese und andere Überlegungen sind sehr wichtig, wenn man ein Panzerfahrzeug des Zweiten Weltkriegs im Modell darstellen möchte.

Ich möchte meinem Freund Juan Carlos Toledo Miranda für seine Hilfe bei der Beschaffung der für die vorliegende Arbeit erforderlichen Unterlagen danken.

7 Besonders in den Monaten September bis November und März bis Mai waren die Panzer oft stark verschlammt.

8 Im Gefecht erhielten die Fahrzeuge allerlei Treffer, sowohl von Geschossen als auch von Splittern, welche den Zimmeritauftrag in Mitleidenschaft zogen. Platzte dieser ab, kam darunter entweder die rotbraune Grundierung zum Vorschein oder das Hellgrau der phosphatierten Oberfläche.

9 Tiger–Panzer konnten ziemlich viel wegstecken. An diesem sind die Auswirkungen einer Sprenggranate am Turm ebenso zu sehen wie die Spuren von panzerbrechender Munition vorne an der Wanne (die aber aufgrund des flachen Auftreffwinkels die Panzerung nicht durchschlagen werden konnte). Zudem haben Granatsplitter o. ä. Schäden an der Kettenabdeckung und hinten am Turm verursacht.

10 Schließlich ist es dem Feind doch noch gelungen den Tiger in einem Hinterhalt mit zwei Panzergranaten zu knacken. Beide haben von hinten den Motorraum durchschlagen und den Sprit in Brand gesetzt, so dass die Besatzung ausbooten musste. Wenn sich das Feuer ausbreitete und die Munitionsvorräte erreichte, konnte das Fahrzeug explodieren, wobei manchmal sogar der Turm von der Wanne gesprengt werden konnte.

RAL-FARBEN

Blaugrau
RAL 7016

Dunkelgrau
RAL 7021

Feldgrau
RAL 6006

Schwarz
RAL 9005

Rotbraun
RAL 8017

Gelb
RAL 1006

Rot (Rotbraun)
RAL 8012

Rot
RAL 3000

Grau
RAL 7027

Elfenbein
RAL 1001

Gelbbraun
RAL 8000

Braun
RAL 8020

Dunkelgelb nach
Muster

Dunkelgelb
RAL 7028

Dunkelgelb
RAL 7028 (1944) 1

Dunkelgelb
RAL 7028 (1944) 2

Olivgrün
RAL 6003

Grün
RAL 6007

Weiß
RAL 9001

Weiß
RAL 9002

Resedagrün
RAL 6011

Phosphatierung 1

Phosphatierung 2

Phosphatierung 3

Pz.Kpfw.V Panther
(Sd.Kfz. 171)

Dunkelgelb nach Muster

Rotbraun RAL 8017

Olivgrün RAL 6003

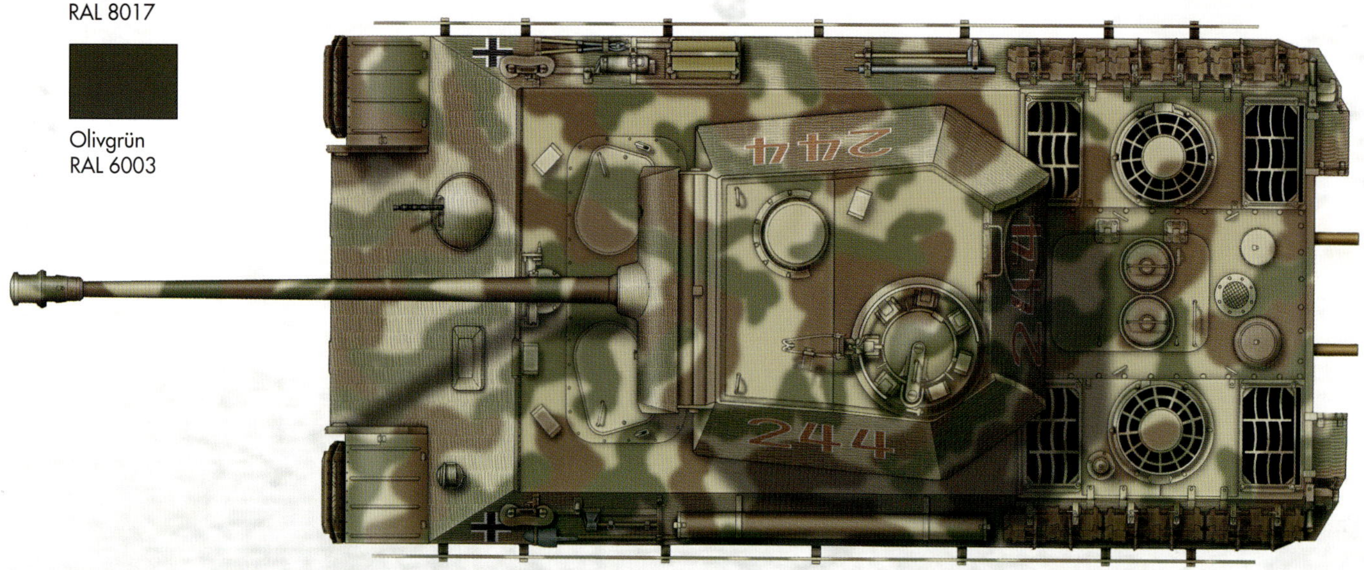

Pz.Kpfw. V Panther Ausf. A (Sd.Kfz. 171), Pz.Lehr-Div., Pz.Lehr-Rgt. 130, Frankreich, Saint-Lô, Juni 1944.

Pz.Kpfw. V Panther Ausf. D (Sd.Kfz. 171), Pz.Brig. 10, Pz.Abt. 52, Sowjetunion, Kursk, Juli 1943.

Pz.Kpfw. V Panther Ausf. D (Sd.Kfz. 171), Pz.Brig. 10,
Pz.Abt. 51, Sowjetunion, Kursk, Juli 1943.

Pz.Kpfw. V Panther Ausf. A (Sd.Kfz. 171),
3. SS-Pz.Div., SS-Pz.Rgt. 12,
Frankreich, Falaise, August 1944.

Elfenbein
RAL 1001

Rotbraun
RAL 8017

Olivgrün
RAL 6003

Pz.Kpfw. V Panther Ausf. D (Sd.Kfz. 171),
unbekannte Einheit, Sowjetunion, Oktober 1943.

Pz.Kpfw. V Panther Ausf. A (Sd.Kfz. 171),
12. SS-Pz.Div., SS-Pz.Rgt. 12, Frankreich, Normandie 1944.

Pz.Kpfw. V Panther Ausf. A (Sd.Kfz. 171), 3. SS Pz.Div., SS-Pz.Rgt. 12, Frankreich, August 1944.

Pz.Kpfw. V Panther Ausf. A (Sd.Kfz. 171),
4. Pz.Div., SS-Pz.Rgt. 1,
Reichsgebiet, Kurlandschlacht, 1944-45.

Dunkelgelb
nach
Munster

Rotbraun
RAL 8017

Olivgrün
RAL 6003

Pz.Kpfw. V Panther Ausf. A (Sd.Kfz. 171),
Pz.Gren.Div. „Großdeutschland“, Rumänien, Targul Frumos, Mai 1944.

Dunkelgelb nach Munster | Rotbraun RAL 8017 | Olivgrün RAL 6003

Pz.Kpfw. V Panther Ausf. A (Sd.Kfz. 171),
12. SS-Pz.Div. „Hitlerjugend“,
Frankreich, Normandie, Juni 1944.

Phosphatierung 1
Dunkelgelb nach Muster
Olivgrün RAL 6003
Dunkelgelb RAL 7028 (1944) 1

Pz.Kpfw. V Panther Ausf. A (Sd.Kfz. 171), 2. SS-Pz.Div. „Das Reich", I./SS-Pz.Rgt. 2, Frankreich, Villedieu-les-Poêles, 1944.

Dunkelgelb nach Muster
Olivgrün RAL 6003
Dunkelgelb RAL 7028 (1944) 1

Pz.Kpfw. V Panther Ausf. A (Sd.Kfz. 171), 1. SS-Pz.Div. LSSAH, Frankreich, Normandie, Juni 1944.

Dunkelgelb
nach Muster

Olivgrün
RAL 6003

Dunkelgelb
RAL 7028
(1944) 1

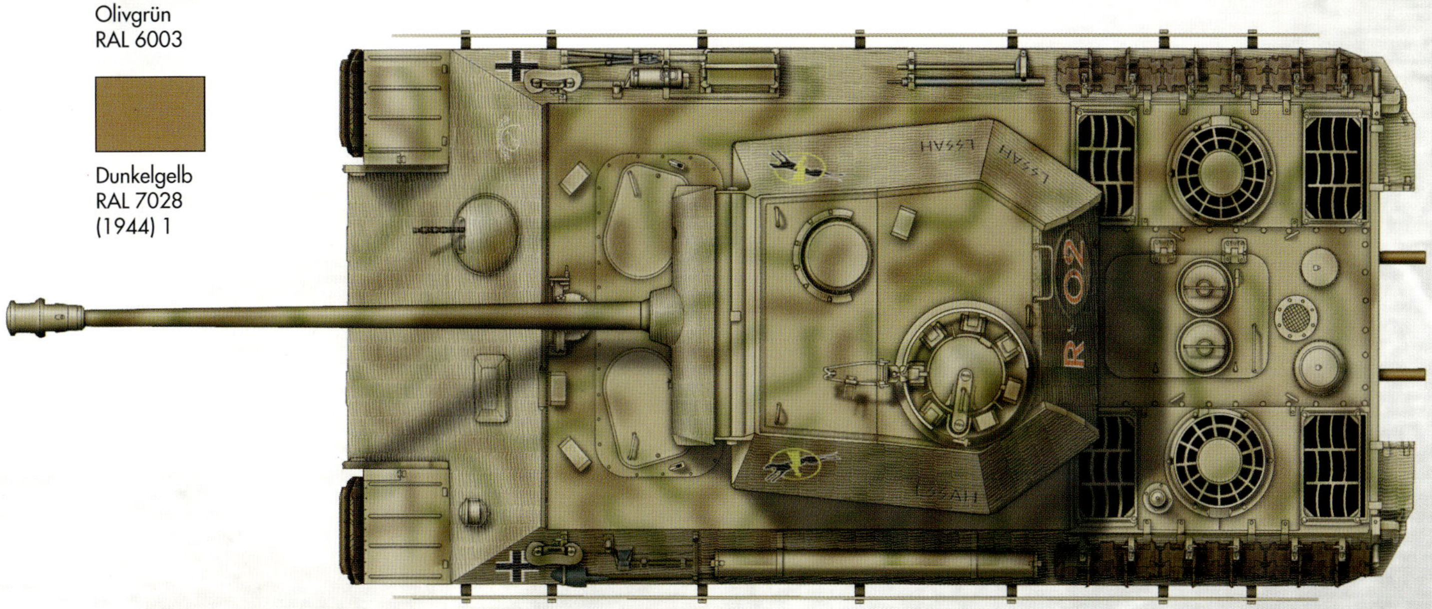

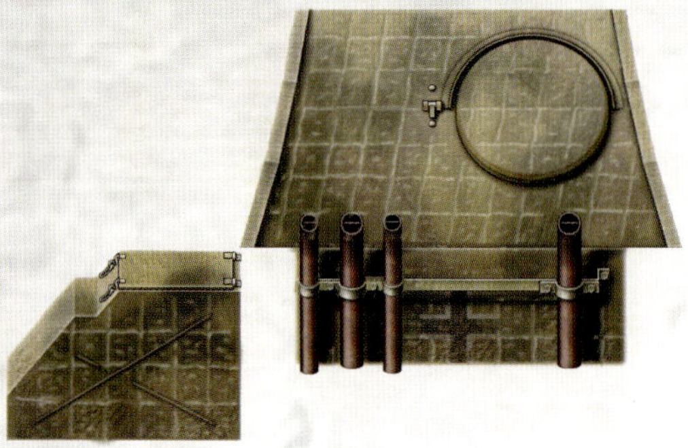

Pz.Kpfw. V Panther Ausf. A (Sd.Kfz. 171),
Pz.Gren.Div. „Großdeutschland",
Litauen, Wilkowischken, Herbst 1944.

Pz.Kpfw. V Panther Ausf. A (Sd.Kfz. 171),
5. SS-Pz.Div. „Wiking", SS-Pz.Rgt. 5, März 1944.

Pz.Kpfw. V Panther Ausf. A (Sd.Kfz. 171),
5. SS-Pz-Div. „Wiking", SS-Pz.Rgt. 5, Sommer 1944.

Pz.Kpfw. V Panther Ausf. A (Sd.Kfz. 171), Pz.Gren.Div. „Großdeutschland", Frankreich, Mailly-le-Camp, April 1944.

Dunkelgelb
RAL 7028
(1944) 2

Olivgrün
RAL 6003

Rotbraun
RAL 8017

Pz.Bfls.Wg. Panther Ausf. A (Sd.Kfz. 171),
5. SS-Pz.Div. „Wiking", SS-Pz.Rgt. 5, Polen, Kowel, April 1944

Pz-Kpfw. V Panther Ausf. A (Sd.Kfz. 171),
unbekannte Einheit, Heeresgruppe Nord, Baltikum,
November 1944.

Dunkelgelb
RAL 7028

Olivgrün
RAL 6003

Rotbraun
RAL 8017

Weiß
RAL 9001

Pz.Bfls.Wg. Panther Ausf. A (Sd.Kfz. 171),
Pz.Gren.Div. „Großdeutschland",
Sowjetunion, Tscherkassy, 1944.

Phosphatierung 1

Dunkelgelb
nach Muster

Rotbraun
RAL 8017

Olivgrün
RAL 6003

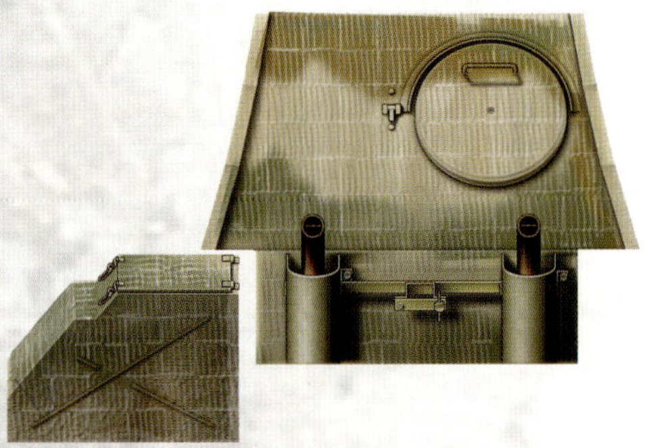

Pz.Kpfw. V Panther Ausf. G (Sd.Kfz. 171),
unbekannte Einheit, Holland, Erp, September 1944.

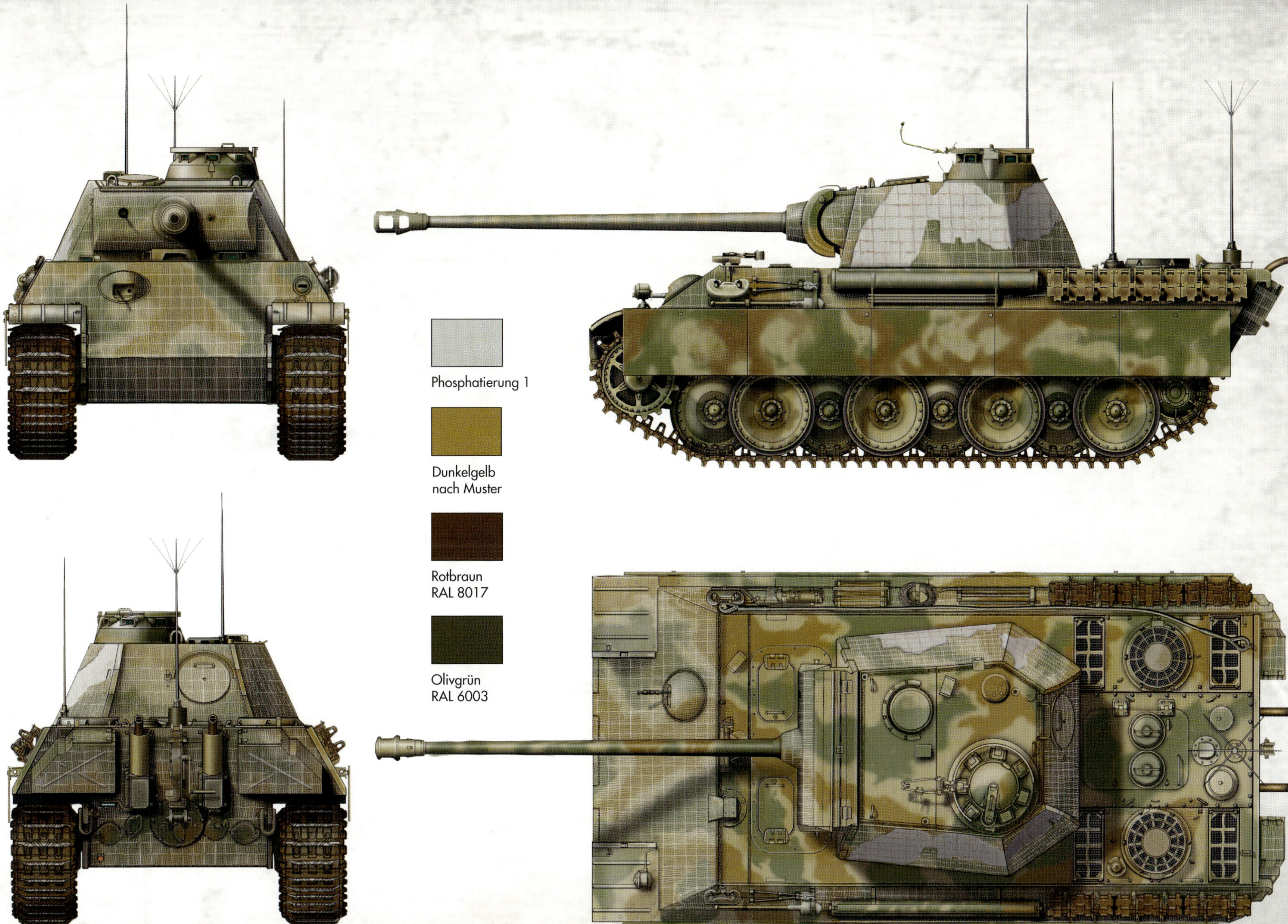
Phosphatierung 1
Dunkelgelb nach Muster
Rotbraun RAL 8017
Olivgrün RAL 6003

Dunkelgelb
RAL 7028

Olivgrün
RAL 6003

Rotbraun
RAL 8017

Pz.Bfls.Wg. Panther Ausf. A (Sd.Kfz. 171),
5. SS-Pz.Div. „Wiking", SS-Pz.Rgt. 5, Herbst 1944.

Phosphatierung 1

Dunkelgelb
RAL 7028

Rotbraun
RAL 8017

Olivgrün
RAL 6003

Pz.Kpfw. V Panther Ausf. A (Sd.Kfz. 171),
13. Pz.Div., Pz.Rgt. 4, Italien, 1944.

Pz.Kpfw. V Panther Ausf. A (Sd.Kfz. 171),
5. Pz.Div., Pz.Rgt. 31, 1944.

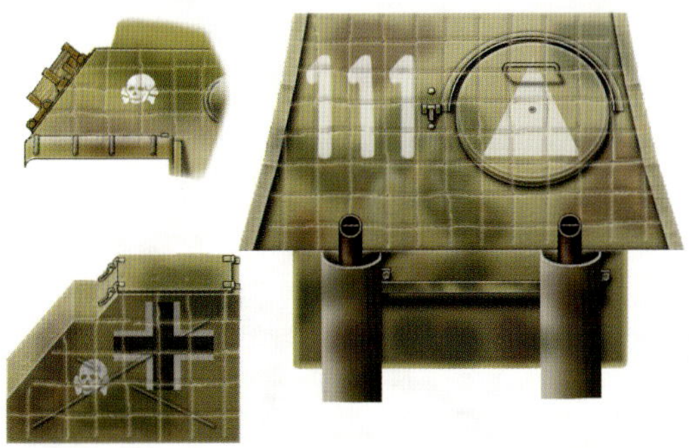

Pz.Kpfw. V Panther Ausf. A (Sd.Kfz. 171),
3. SS-Pz.Div. „Totenkopf", 1944.

Dunkelgelb
RAL 7028

Dunkelgelb
RAL 7028
(1944) 1

Olivgrün
RAL 6003

Pz.Kpfw. V Panther Ausf. G (Sd.Kfz. 171),
12. SS-Pz.Div. „Hitlerjugend“, SS-Pz.Rgt. 3,
Belgien, Krinkelt-Rocherath, September 1944.

Pz.Kpfw. V Panther Ausf. G (Sd.Kfz. 171),
unbekannte Einheit, Frankreich, Elsass 1944.

Elfenbein
RAL 1001

Dunkelgelb
RAL 7028
(1944) 1

Olivgrün
RAL 6003

Pz.Kpfw. V Panther Ausf. G (Sd.Kfz. 171),
1. Pz.Div., Pz. Rgt. 4, September 1944.

Braun
RAL 8020

Rot (Rotbraun)
RAL 8012

Grün
RAL 6007

Pz.Kpfw. V Panther Ausf. G (Sd. Kfz. 171),
116. Pz.Div., Reichsgebiet, 1945.

Braun
RAL 8020

Rot (Rotbraun)
RAL 8012

Grün
RAL 6007

Pz.Kpfw. V Panther Ausf. G (Sd. Kfz. 171),
19. Pz.Div., Pz.Rgt. 27,
Polen, nahe Warschau, August 1944.

Pz.Kpfw. V Panther Ausf. G (Sd. Kfz. 171),
19. Pz.Div., Pz.Rgt. 27,
Polen, nahe Warschau, August 1944.

Pz.Kpfw. V Panther Ausf. G (Sd.Kfz. 171),
Pz.Div. Müncheberg,
Reichsgebiet, nahe Küstrin, Februar 1945.

Pz.Kpfw. V Panther Ausf. G (Sd.Kfz. 171),
19. Pz.Div., Polen, Warschau, September, 1944.

Elfenbein
RAL 1001

Dunkelgelb
RAL 7028
(1944) 1

Olivgrün
RAL 6003

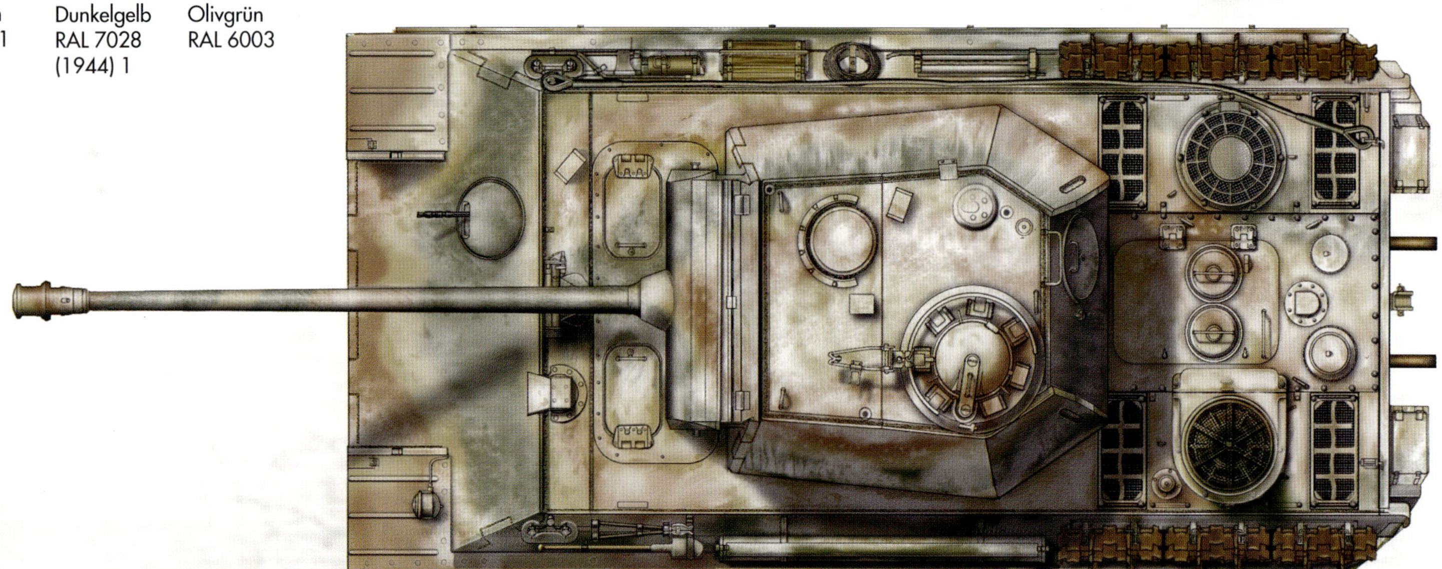

Elfenbein
RAL 1001

Dunkelgelb
RAL 7028
(1944) 1

Olivgrün
RAL 6003

Pz.Kpfw. V Panther Ausf. G (Sd.Kfz. 171),
9. Pz.Div., II./Pz.Rgt. 33,
Luxemburg, Wilwerdange, Februar 1945.

Elfenbein
RAL 1001

Olivgrün
RAL 6003

Gelbbraun
RAL 8000

Pz.Kpfw. V Panther Ausf. G (Sd. Kfz. 171),
2. SS-Pz.Div., Pz.Rgt. 1,
Ardennenoffensive, Dezember 1944.

Weiß
RAL 9001

Elfenbein
RAL 1001

Rot (Rotbraun)
RAL 8012

Resedagrün
RAL 6011

Pz.Kpfw. V Panther Ausf. G (Sd.Kfz. 171), unbekannte Einheit, Reichsgebiet, Weissenburg, Februar 1945.

Dunkelgelb
RAL 7028

Dunkelgelb
RAL 7028
(1944) 1

Olivgrün
RAL 6003

Pz.Kpfw. V Panther Ausf. G (Sd.Kfz. 171), 1. SS-Pz.Div. LSSAH, SS-Pz.Rgt. 1, Ardennen, 1945.

Dunkelgelb
RAL 7028

Dunkelgelb
RAL 7028
(1944) 1

Olivgrün
RAL 6003

Pz.Kpfw. V Panther Ausf. G (Sd.Kfz. 171),
9. Pz.Div., II./Pz.Rgt. 33, September, 1944.

Pz.Kpfw. V Panther Ausf. G (Sd.Kfz. 171),
12. SS-Pz.Div. „Hitlerjugend",
SS-Pz.Rgt. 12, Ardennen, 1945.

Dunkelgelb nach Muster

Rotbraun RAL 8017

Olivgrün RAL 6003

Feldgrau RAL 6006

Pz.Kpfw. V Panther Ausf. G (Sd.Kfz. 171),
1. SS-Pz.Div. LSSAH, Pz.Rgt. 1,
Ardennen, 1945.

Dunkelgelb nach Muster

Rot (Rotbraun) RAL 8012

Grün RAL 6007

Pz.Kpfw. V Panther Ausf. G (Sd.Kfz. 171),
unbekannte Einheit, möglicherweise in
der Nähe der Panzerfabrik fotografiert, 1945.

Tiger I
(Sd.Kfz. 181)

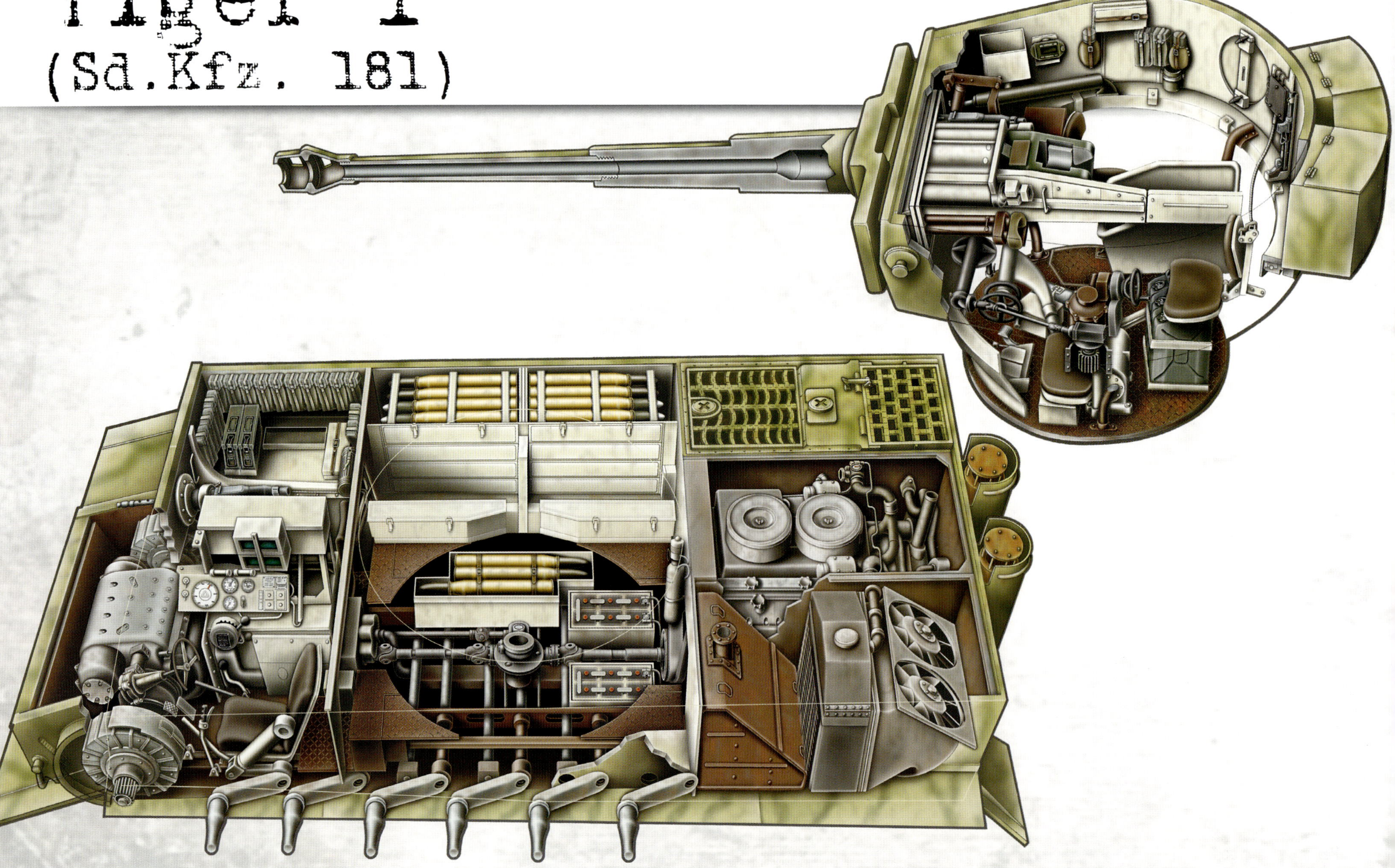

Pz.Kpfw. VI Tiger Ausf. H1 (Sd.Kfz. 181), s.Pz.Abt. 503, Sowjetunion, Anastassijewka, Februar 1943.

Pz.Kpfw. VI Tiger Ausf. H1 (Sd.Kfz. 181), s.Pz.Abt. 502, Sowjetunion, Ladogasee, Februar 1943.

Pz.Kpfw. VI Tiger Ausf. E (Sd.Kfz. 181), s.Pz.Abt. 502, Sowjetunion, Ladogasee, 7. Februar 1943.

Pz.Kpfw. VI Tiger Ausf. E (Sd.Kfz. 181), s.Pz.Abt. 503, Sowjetunion, Kursk, Juli 1943.

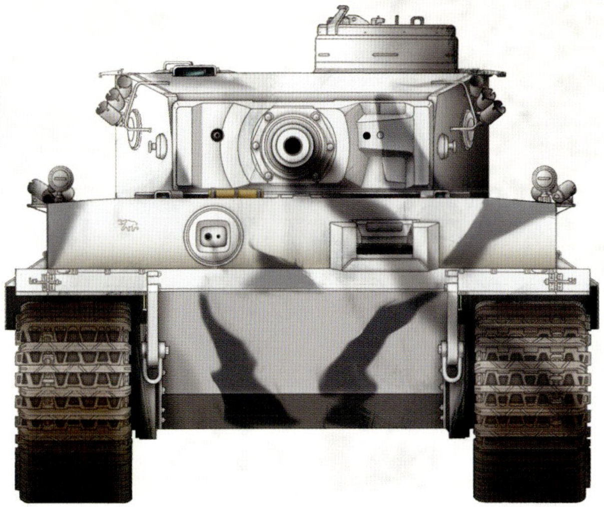

Dunkelgrau
RAL 7021

Weiß
RAL 9002

Dunkelgrau
RAL 7021

Grau
RAL 7027

Pz.Bef.Wg. Tiger Ausf. E (Sd.Kfz. 268), 4./SS-Pz.Rgt. 1, Sowjetunion, Charkow, April 1943.

Pz.Kpfw. VI Tiger Ausf. H1 (Sd.Kfz. 181), s.Pz.Abt. 503, Sowjetunion, Ssarmatskaja, Februar 1943.

Pz.Kpfw. VI Tiger Ausf. E (Sd.Kfz. 181), s.Pz.Abt. 502, Sowjetunion, Pustoschka, 6. Oktober 1943.

Pz.Kpfw. VI Tiger Ausf. E (Sd.Kfz. 181), SS-Pz.Gren.Div. „Totenkopf", 4./SS-Pz.Rgt. 3, Sowjetunion, nordöstl. Charkow, April 1943.

441
441
Dunkelgrau
RAL 7021
Rotbraun
RAL 8017
Dunkelgelb
nach Muster

Pz.Kpfw. VI Tiger Ausf. E (Sd.Kfz. 181), s.Pz.Abt. 505, Sowjetunion, Soborowska, Juli 1943.

Pz.Kpfw. VI Tiger Ausf. E (Sd.Kfz. 181), 13./Pz.Regt. „Großdeutschland", Reichsgebiet, TrpÜbPl. Neuhammer, Januar 1943.

Pz.Kpfw. VI Tiger Ausf. E (Sd.Kfz. 181), s.Pz.Kp. „Hummel“, Reichsgebiet, nahe Brunskappel, April 1945.

Pz.Kpfw. VI Tiger Ausf. E (Sd.Kfz. 181), s.Pz.Abt. 505, Sowjetunion, April 1943.

Dunkelgelb RAL 7028

Rotbraun RAL 8017

Olivgrün RAL 6003

Pz.Kpfw. VI Tiger Ausf. E (Sd.Kfz. 181), 3./s.SS-Pz.Abt. 101.

Pz.Kpfw. VI Tiger Ausf. E (Sd.Kfz. 181), s.Pz.Abt. 509, Sowjetunion, nahe Pillawa, 11. März 1944.

Dunkelgelb nach Muster | Olivgrün RAL 6003

Pz.Kpfw. VI Tiger Ausf. E (Sd.Kfz. 181), s.Pz.Abt. 509, Sowjetunion, bei Fastow, 11. November 1943.

Elfenbein RAL 1001 | Olivgrün RAL 6003 | Dunkelgelb RAL 7028 (1944) 1

Pz.Kpfw. VI Tiger Ausf. E (Sd.Kfz. 181), s.Pz.Abt. 502, Juni 1944.

319
Elfenbein
RAL 1001
Olivgrün
RAL 6003
Dunkelgelb
RAL 7028
(1944) 1
319

Pz.Kpfw. VI Tiger Ausf. E (Sd.Kfz. 181), s.Pz.Abt. 502, Februar 1944, Zimmerit-Belag stellenweise beschädigt und übermalt.

Pz.Kpfw. VI Tiger Ausf. E (Sd.Kfz. 181), s.Pz.Abt. 508, Italien, Aprilia, Februar 1944.

Dunkelgelb
nach Muster

Weiß
RAL 9001

Pz.Kpfw. VI Tiger Ausf. E (Sd.Kfz. 181), s.Pz.Abt. 501, Sowjetunion, Witebsk, Dezember 1943.

Weiß
RAL 9001

Dunkelgelb
RAL 7028
(1944) 2

Olivgrün
RAL 6003

Pz.Kpfw. VI Tiger Ausf. E (Sd.Kfz. 181), s.Pz.Abt. 509, Sowjetunion, Shitomir, 24. November 1943.

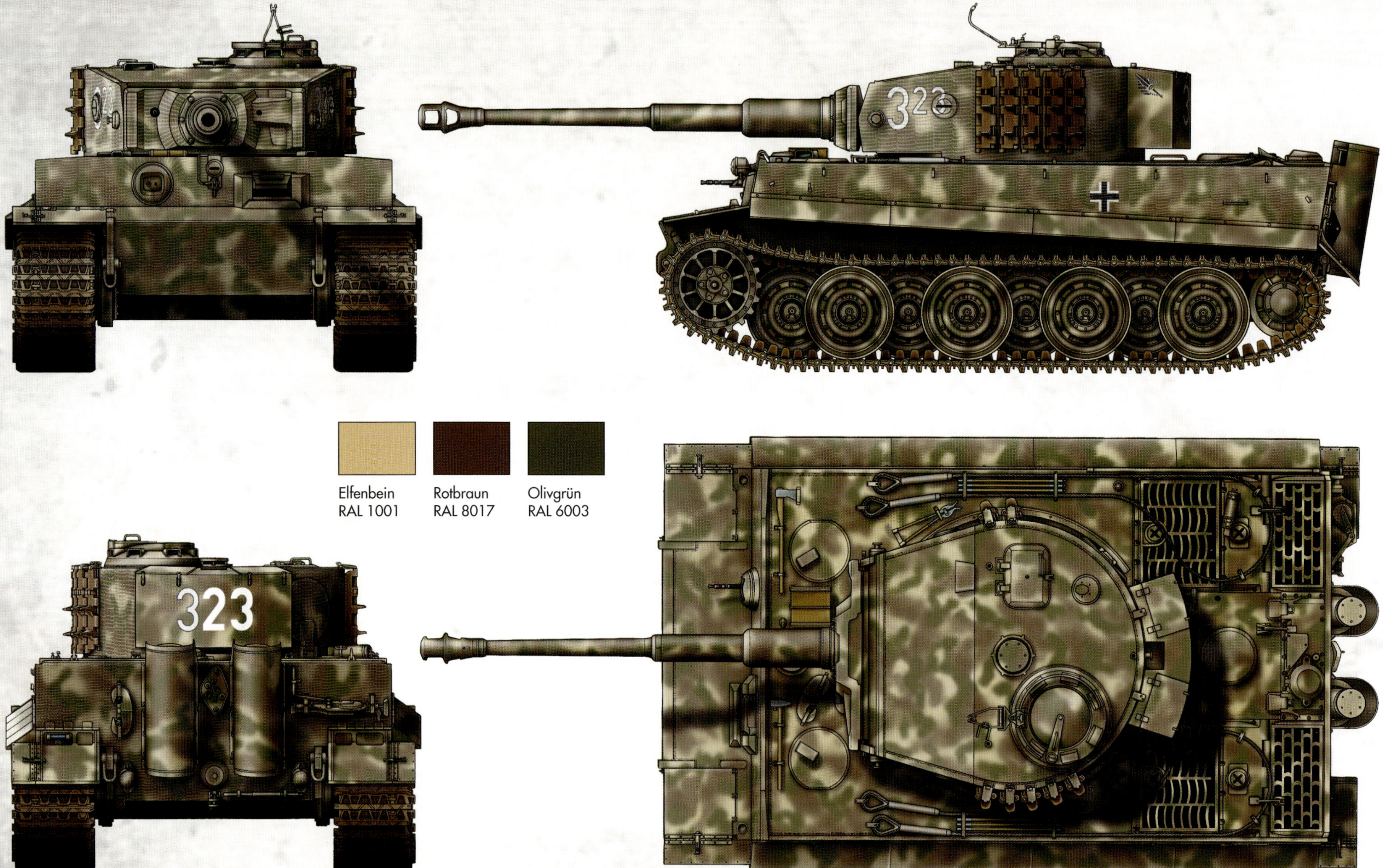
323
Elfenbein
RAL 1001
Rotbraun
RAL 8017
Olivgrün
RAL 6003

Pz.Kpfw. VI Tiger Ausf. E (Sd.Kfz. 181), s.Pz.Abt. 504, Italien, Fauglia, Juli 1944.

Pz.Kpfw. VI Tiger Ausf. E (Sd.Kfz. 181), s.Pz.Abt. 503, 1944.

Dunkelgelb nach Muster

Olivgrün RAL 6003

Pz.Kpfw. VI Tiger Ausf. E (Sd.Kfz. 181),
s.Pz Abt. 509,
Sowjetunion, Krystynopol, 19. Juli 1944.

Dunkelgelb RAL 7028 (1944) 2

Olivgrün RAL 6003

Dunkelgelb RAL 7028 (1944) 1

Pz.Kpfw. VI Tiger Ausf. E (Sd.Kfz. 181), s.SS-Pz.Abt. 101, Frankreich, Morgny, Juni 1944.

Dunkelgelb RAL 7028 (1944) 2	Olivgrün RAL 6003	Dunkelgelb RAL 7028 (1944) 1

Dunkelgelb
RAL 7028

Phosphatierung 3

Pz.Kpfw. VI Tiger Ausf. E (Sd.Kfz. 181), s.Pz.Abt. 505, Sowjetunion, Loschnitza, Juni 1944.

Olivgrün
RAL 6003

Rot (Rotbraun)
RAL 8012

Pz.Kpfw. VI Tiger Ausf. E (Sd.Kfz. 181), Kampfgruppe „Fehrmann", Reichsgebiet, nahe Achim, April 1945.

Pz.Kpfw. VI Tiger Ausf. E (Sd.Kfz. 181), s.Pz.Abt. (Flk) 301, Reichsgebiet, Merzenhausen, November 1944.

Pz.Kpfw. VI Tiger Ausf. E (Sd.Kfz. 181), s.Pz.Abt. 506, Sowjetunion, Podhajce, April 1944.

Dunkelgelb
RAL 7028
(1944) 2

Olivgrün
RAL 6003

Rotbraun
RAL 8017

Pz.Kpfw. VI Tiger Ausf. E (Sd.Kfz. 181), s.Pz.Abt. 510, Litauen, Vosilickes, Juli 1944.

Pz.Kpfw. VI Tiger Ausf. E (Sd.Kfz. 181), III./Pz.Rgt. „Großdeutschland“, Litauen, Wilkowischken, 9. August 1944.

Pz.Kpfw. VI Tiger Ausf. E (Sd.Kfz. 181),
s.SS Pz.Abt. 102, Frankreich, Normandie, Juli 1944.

Pz.Kpfw. VI Tiger Ausf. E (Sd.Kfz. 181),
s.SS Pz.Abt. 102, Frankreich, Normandie, Juli 1944.

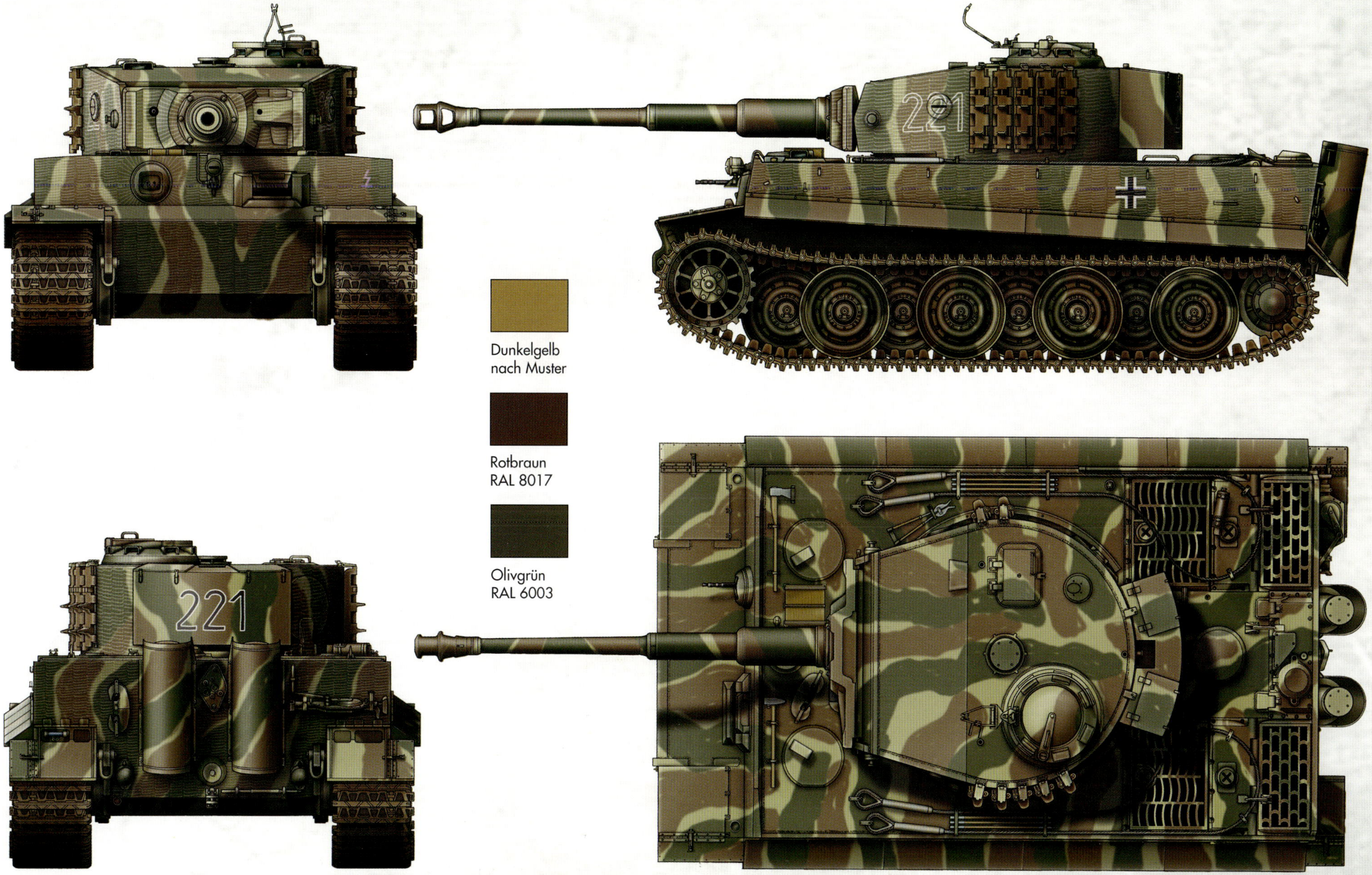
221
Dunkelgelb
nach Muster
Rotbraun
RAL 8017
Olivgrün
RAL 6003
221

Dunkelgelb nach Muster

Rotbraun RAL 8017

Pz.Kpfw. VI Tiger Ausf. E (Sd.Kfz. 181),
III./Pz.Rgt. „Großdeutschland“,
Reichsgebiet, Gumbinnen, Juni 1944.

Dunkelgelb nach Muster

Olivgrün RAL 6003

Pz.Kpfw. VI Tiger Ausf. E (Sd.Kfz. 181), s.Pz.Abt. 509, Polen, nahe Kielce, August 1944.

Dunkelgelb nach Muster

Dunkelgelb RAL 7028 (1944) 1

Pz.Kpfw. VI Tiger Ausf. E (Sd.Kfz. 181),
s.Pz.Abt. 507, Polen, Zambrow, August 1944.

Dunkelgelb RAL 7028 (1944) 2

Olivgrün RAL 6003

Rotbraun RAL 8017

Pz.Kpfw. VI Tiger Ausf. E (Sd.Kfz. 181), sch. Pz.Abt. 503, Bourgtheroulde, Juillet 1944.

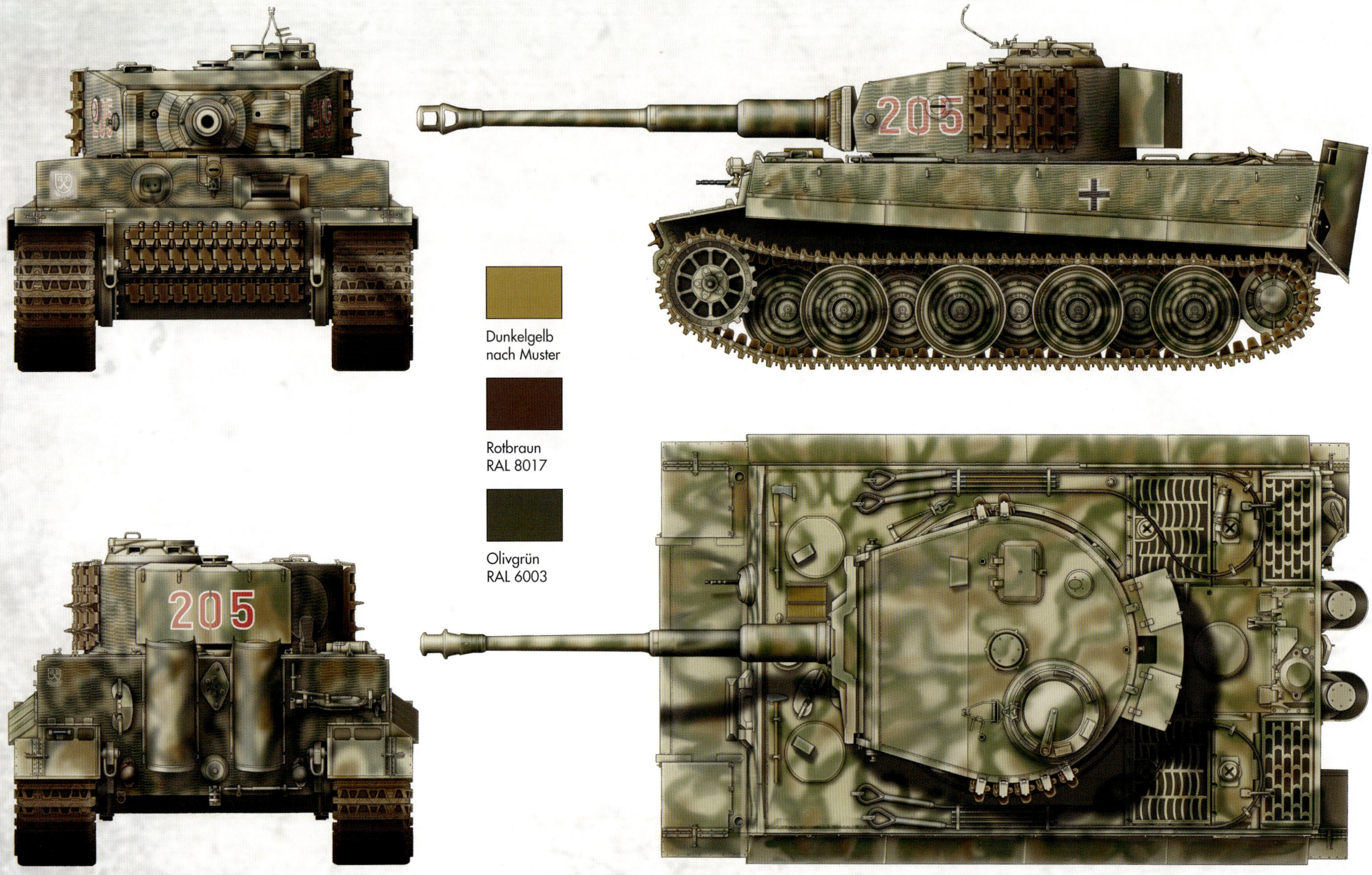
205
205
Dunkelgelb
nach Muster
Rotbraun
RAL 8017
Olivgrün
RAL 6003

Pz.Kpfw. VI Tiger Ausf. E (Sd.Kfz. 181),
2./s.SS-Pz.Abt. 101, Frankreich, Morgny, 7. Juni 1944.
Michel Wittmann übernahm diesen Panzer am 6. Juni.

Pz.Kpfw. VI Tiger Ausf. E (Sd.Kfz. 181),
2./s.SS-Pz.Abt. 101. Da sein eigener Panzer
mit der Turmnummer '205' nicht einsatzbereit war, fuhr Michel Wittmann während des Gefechts bei Villers-Bocage am 13. Juni 1944 in diesem Panzer.

Pz.Kpfw. VI Tiger Ausf. E (Sd.Kfz. 181),
2./s.SS-Pz.Abt. 101.
In diesem Panzer starb Wittmann mitsamt seiner Besatzung am 8. August 1944.

Pz.Kpfw. VI Tiger Ausf. E (Sd.Kfz. 181),
2./s.SS-Pz.Abt. 101. Diesen Panzer führte SS-Obersturmführer Wessel, ebenfalls aus Wittmanns 2. Kompanie, im Juni 1944 in der Normandie.

Tiger II
(Sd.Kfz. 182)

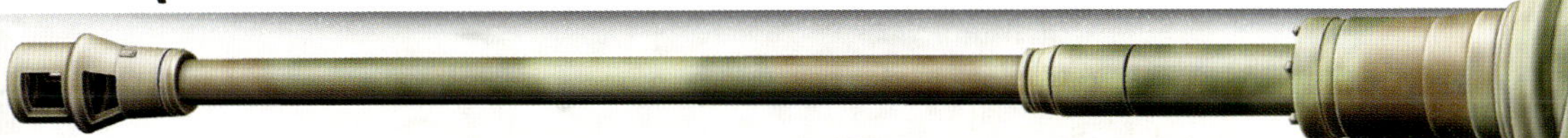

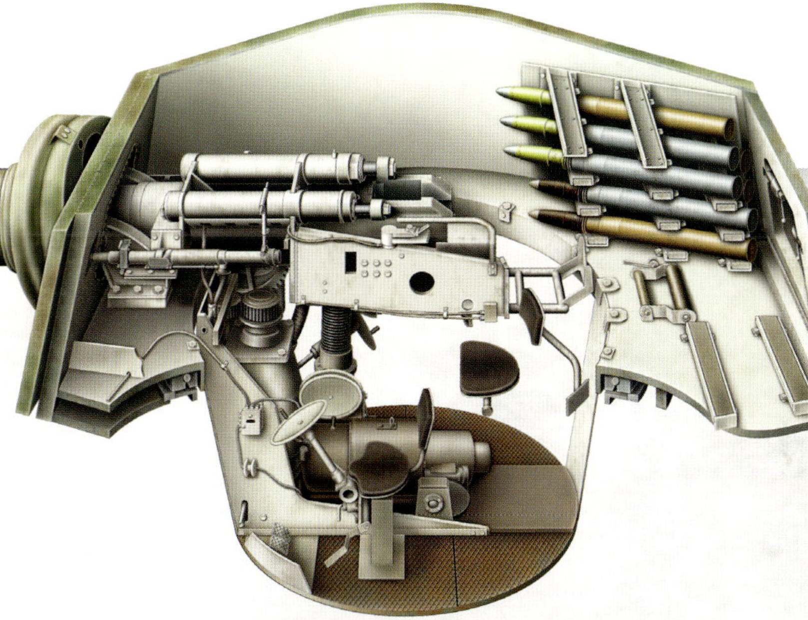

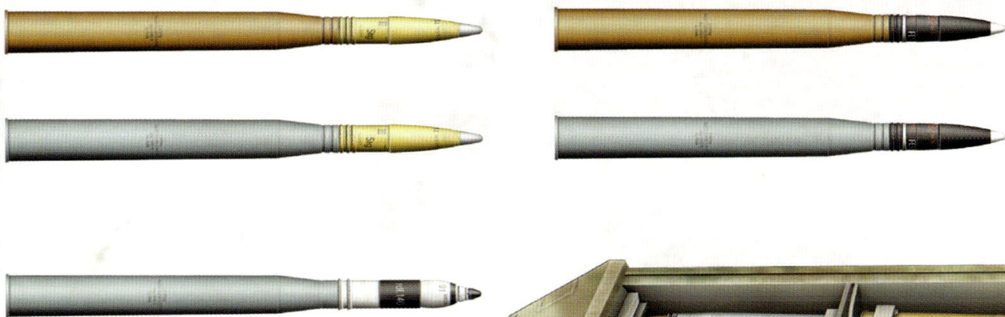

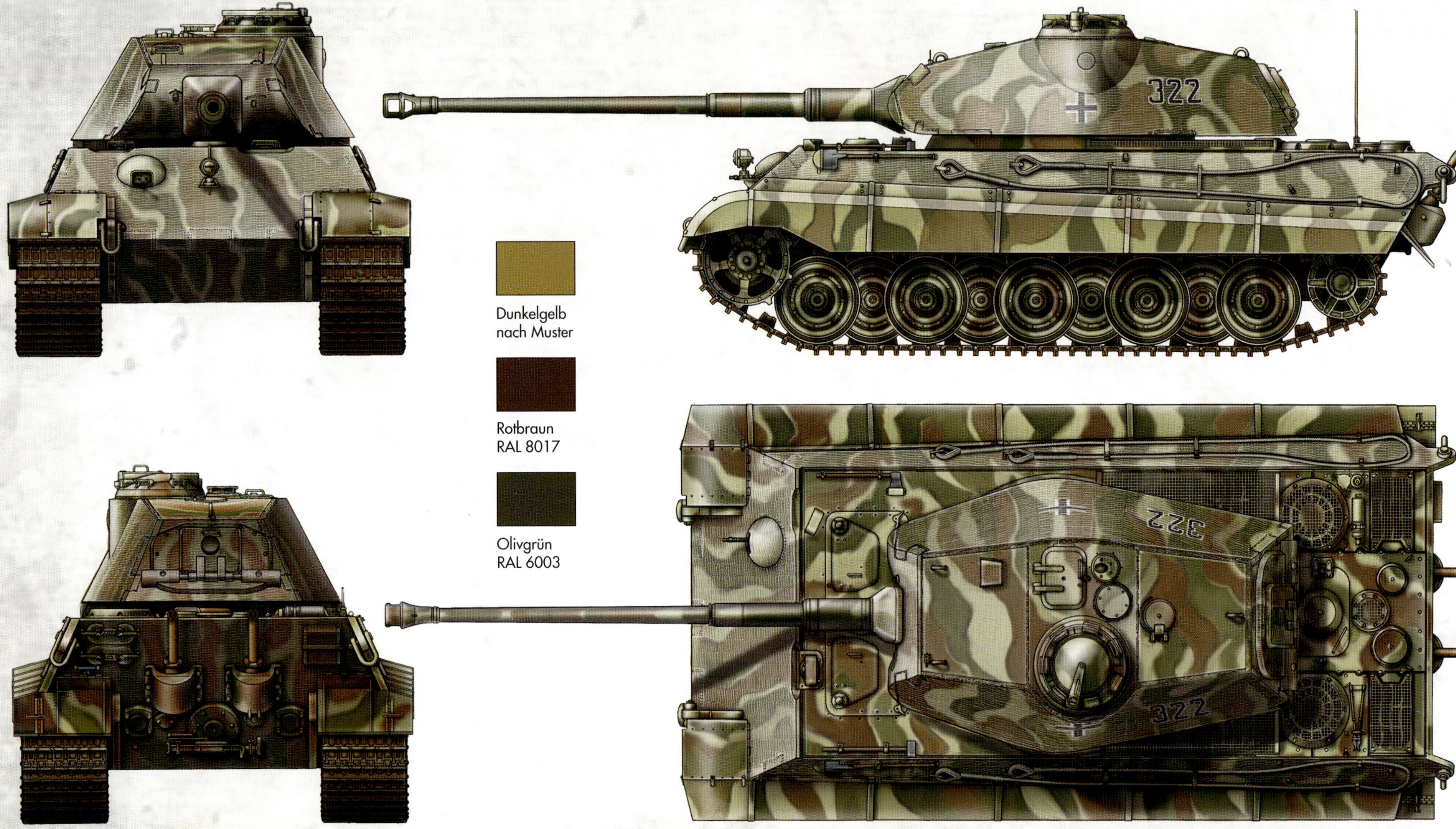
322
Dunkelgelb
nach Muster
Rotbraun
RAL 8017
Olivgrün
RAL 6003
322
322

Dunkelgelb nach Muster | Rotbraun RAL 8017 | Olivgrün RAL 6003

Pz.Kpfw. VI Tiger Ausf. B (Sd.Kfz. 182),
Porsche-Turm, s.Pz.Abt. 503,
Frankreich, Mailly-le-Camp, August 1944.

Phosphatierung 1 | Dunkelgelb nach Muster | Rotbraun RAL 8017 | Olivgrün RAL 6003

Pz.Kpfw. VI Tiger Ausf. B (Sd.Kfz. 182), Porsche-Turm, s.Pz.Abt. 503, Frankreich, Normandie, August 1944.

Phosphatierung 1 | Dunkelgelb nach Muster | Rotbraun RAL 8017 | Olivgrün RAL 6003

Pz.Kpfw. VI Tiger Ausf. B (Sd.Kfz. 182),
Porsche-Turm, s.Pz.Abt. 503,
Frankreich, Normandie, August 1944

Dunkelgelb nach Muster | Rotbraun RAL 8017 | Olivgrün RAL 6003

Pz.Kpfw. VI Tiger Ausf. B (Sd.Kfz. 182),
Porsche-Turm, s.Pz.Abt. 503,
Frankreich, Normandie, August 1944.

Dunkelgelb nach Muster

Rotbraun RAL 8017

Olivgrün RAL 6003

Dunkelgelb nach Muster | Rotbraun RAL 8017 | Olivgrün RAL 6003

Pz.Kpfw. VI Tiger Ausf. B (Sd.Kfz. 182),
Porsche-Turm, s.Pz.Abt. 503,
Frankreich, Mailly-le-Camp, Juli 1944.

Dunkelgelb nach Muster | Rotbraun RAL 8017 | Olivgrün RAL 6003

Pz.Kpfw. VI Tiger Ausf. B (Sd.Kfz. 182),
Porsche-Turm, s.Pz.Abt. 506,
Holland, Arnhem, September 1944.

Phosphatierung 1 | Dunkelgelb nach Muster | Rotbraun RAL 8017 | Olivgrün RAL 6003

Pz.Kpfw. VI Tiger Ausf. B (Sd.Kfz. 182),
Porsche-Turm, s.Pz.Abt. 503,
Frankreich, Normandie, August 1944.

Phosphatierung 1 | Dunkelgelb nach Muster | Rotbraun RAL 8017 | Olivgrün RAL 6003

Pz.Kpfw. VI Tiger Ausf. B (Sd.Kfz. 182),
Porsche-Turm, s.Pz.Abt. 503,
Frankreich, Normandie, August 1944.

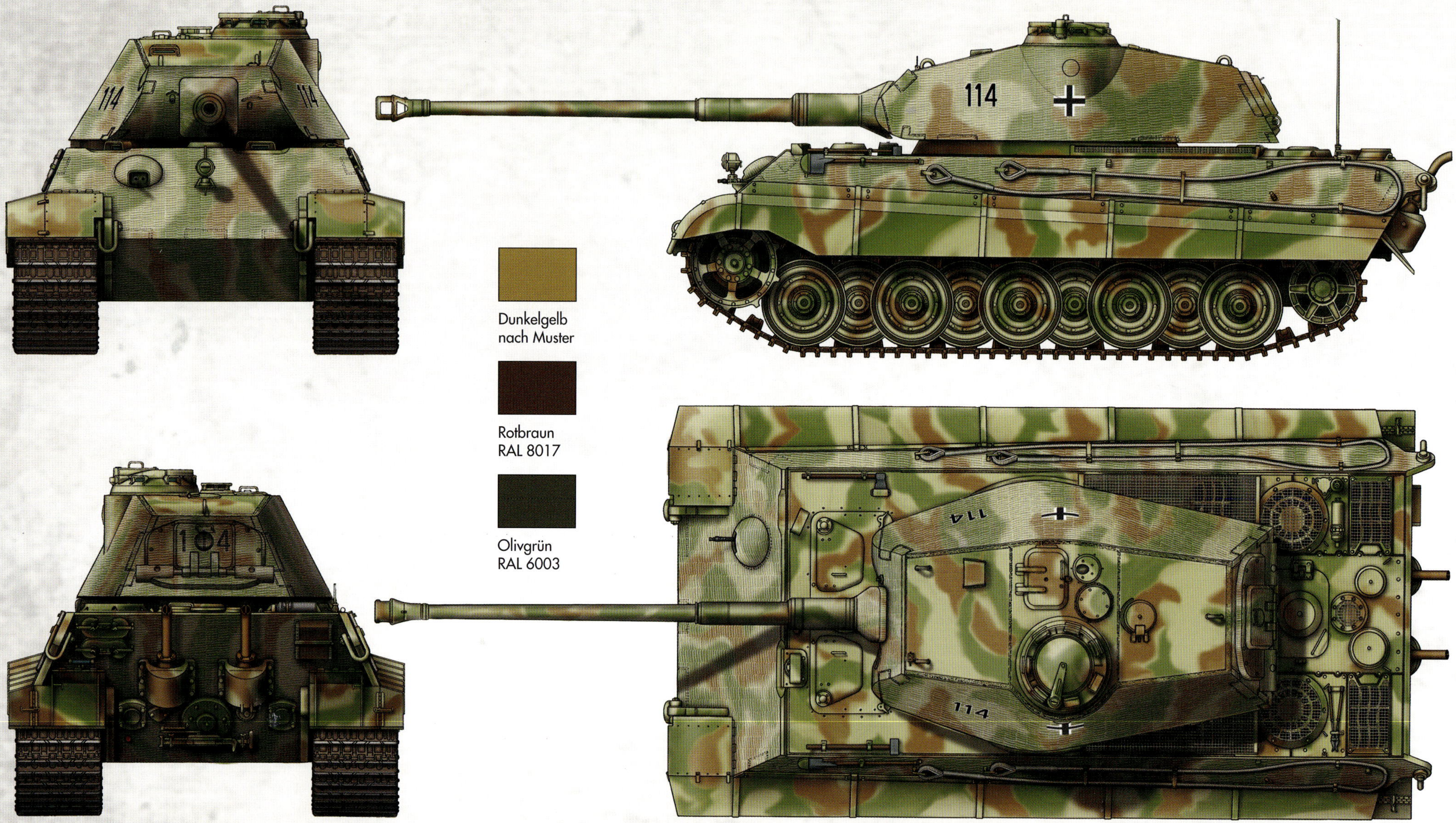
114
Dunkelgelb
nach Muster
Rotbraun
RAL 8017
Olivgrün
RAL 6003

Pz.Kpfw. VI Tiger Ausf. B (Sd.Kfz. 182)
Porsche-Turm, s.Pz.Abt. 503,
Frankreich, Normandie, Juni 1944.

Pz.Kpfw. VI Tiger Ausf. B (Sd.Kfz. 182)
Porsche-Turm, s.Pz.Abt. 503,
Frankreich, Mailly-le-Camp, August 1944.

Dunkelgelb nach Muster | Rotbraun RAL 8017 | Olivgrün RAL 6003

Pz.Kpfw. VI Tiger Ausf. B (Sd.Kfz. 182)
Porsche-Turm, s.Pz.Abt. 503, Frankreich, 1944.

Dunkelgelb nach Muster | Rotbraun RAL 8017

Pz.Kpfw. VI Tiger Ausf. B (Sd.Kfz. 182),
s.Pz.Abt. 505, Polen, am Fluss Narew, September 1944.

Dunkelgelb
nach Muster

Rotbraun
RAL 8017

Pz.Kpfw. VI Tiger Ausf. B (Sd.Kfz. 182),
s.Pz.Abt. 505,
Sowjetunion, an der Beresina, Juli 1944.

Pz.Kpfw. VI Tiger Ausf. B (Sd.Kfz. 182),
5./s.Pz.Abt. 505,
Reichsgebiet, Ohrdruf, 1944.

Pz.Kpfw. VI Tiger Ausf. B (Sd.Kfz. 182)
Porsche-Turm, s.Pz.Abt. 503, Sowjetunion, Januar 1945.

Pz.Kpfw. VI Tiger Ausf. B (Sd.Kfz. 182),
s.Pz.Abt. 509, Ungarn, Januar 1945.

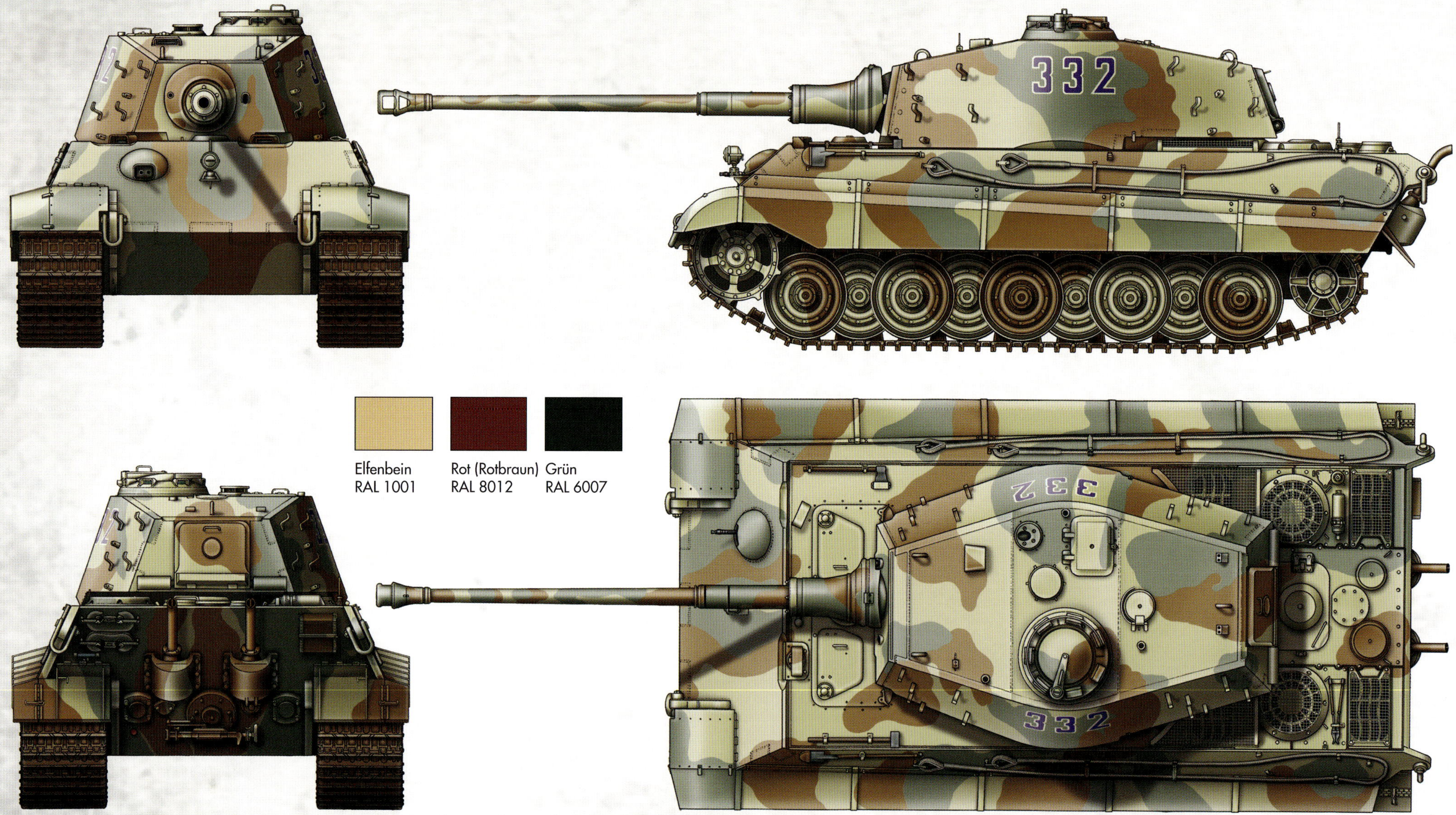
332
Elfenbein
RAL 1001
Rot (Rotbraun)
RAL 8012
Grün
RAL 6007

Pz.Kpfw. VI Tiger Ausf. B (Sd.Kfz. 182),
s.SS-Pz.Abt. 501,
Ardennenoffensive, Dezember 1944.

Pz.Kpfw. VI Tiger Ausf. B (Sd.Kfz. 182),
s.SS-Pz.Abt. 501, Belgien, Stavelot, 1944.

Elfenbein
RAL 1001

Resedagrün
RAL 6011

Dunkelgelb
RAL 7028
(1944) 1

Schwarz
RAL 9005

Pz.Kpfw. VI Tiger Ausf. B (Sd.Kfz. 182),
s.SS-Pz.Abt. 501, Ardennenoffensive, Januar 1945.

Elfenbein
RAL 1001

Resedagrün
RAL 6011

Olivgrün
RAL 6003

Rot (Rotbraun)
RAL 8012

Pz.Kpfw. VI Tiger Ausf. B (Sd.Kfz. 182),
s.SS-Pz.Abt. 502,
Reichsgebiet, Paderborn, März 1945.

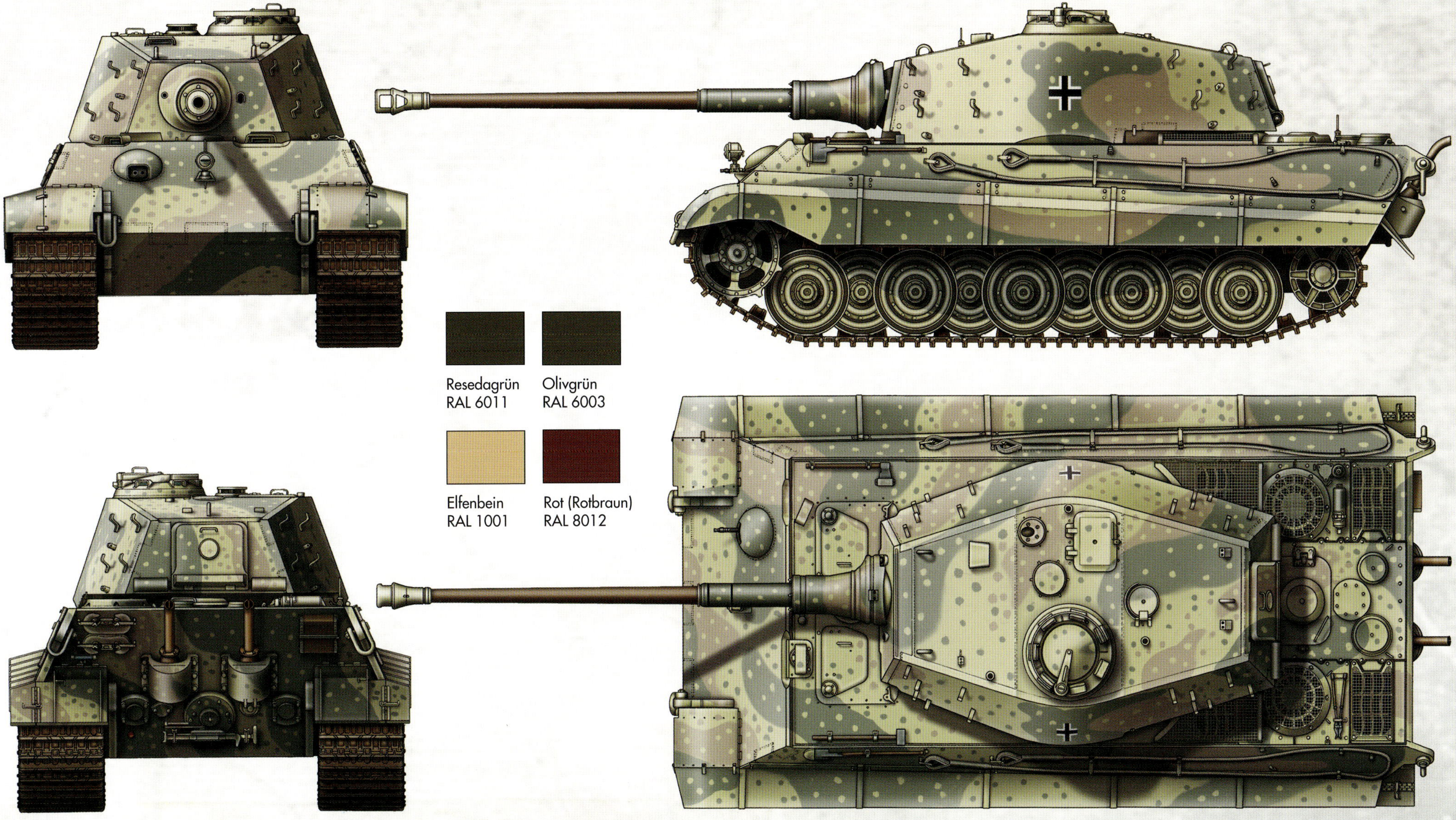
Resedagrün
RAL 6011
Olivgrün
RAL 6003
Elfenbein
RAL 1001
Rot (Rotbraun)
RAL 8012

Dunkelgelb nach Muster | Olivgrün RAL 6003 | Rot (Rotbraun) RAL 8012

Pz.Kpfw. VI Tiger Ausf. B (Sd.Kfz. 182),
s.Pz.Abt. 503, Ungarn, Gyöngyös, 1944.

Dunkelgelb RAL 7028 | Rotbraun RAL 8017 | Olivgrün RAL 6003 | Schwarz RAL 9005

Pz.Kpfw. VI Tiger Ausf. B (Sd.Kfz. 182),
s.Pz.Abt. 509, Ungarn, Budapest, 1945.

Pz.Kpfw. VI Tiger Ausf. B (Sd.Kfz. 182),
s.SS-Pz.Abt. 503,
Reichsgebiet, Danzig, März 1945.

Pz.Kpfw. VI Tiger Ausf. B (Sd.Kfz. 182),
s.SS-Pz.Abt. 101,
Frankreich, Magny-en-Vexin, August 1944.

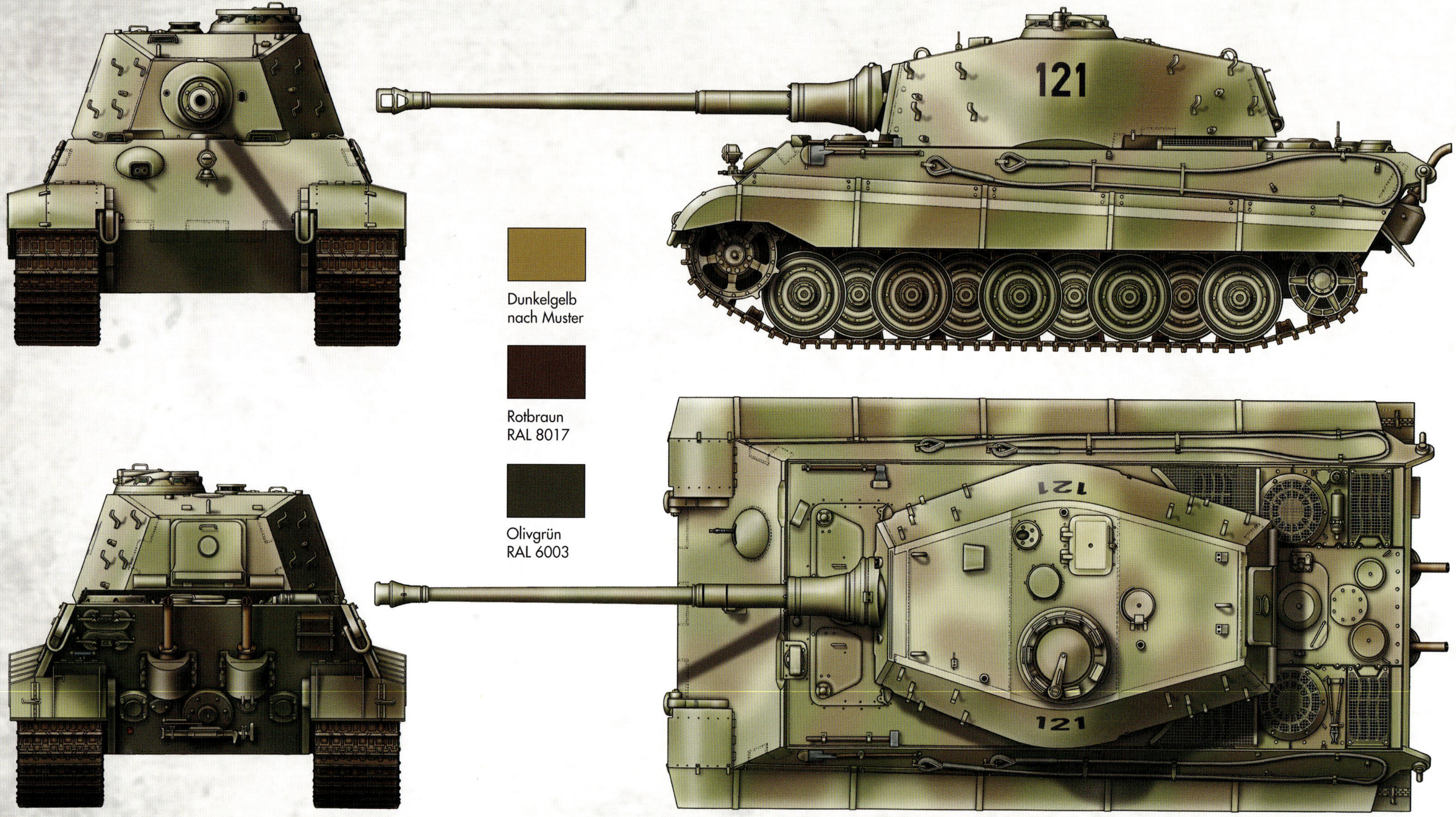
121
Dunkelgelb
nach Muster
Rotbraun
RAL 8017
Olivgrün
RAL 6003

Dunkelgelb nach Muster | Rotbraun RAL 8017 | Olivgrün RAL 6003

Pz.Kpfw. VI Tiger Ausf. B (Sd.Kfz. 182),
s.Pz.Abt. 509, Ungarn, März 1945.

Dunkelgelb nach Muster | Olivgrün RAL 6003 | Dunkelgelb RAL 7028 (1944) 1

Pz.Kpfw. VI Tiger Ausf. B (Sd.Kfz. 182),
s.SS-Pz.Abt. 101, Sowjetunion, August 1944.

Elfenbein
RAL 1001

Rotbraun
RAL 8017

Olivgrün
RAL 6003

Pz.Kpfw. VI Tiger Ausf. B (Sd.Kfz. 182),
s.SS-Pz.Abt. 503, Oktober 1944.

Elfenbein
RAL 1001

Rot
(Rotbraun)
RAL 8012

Resedagrün
RAL 6011

Pz.Kpfw. VI Tiger Ausf. B (Sd.Kfz. 182),
s.SS-Pz.Abt. 502, Reichsgebiet, Fürstenhalde
(östlich von Berlin), April 1945.

Elfenbein
RAL 1001

Rot
(Rotbraun)
RAL 8012

Resedagrün
RAL 6011

Pz.Kpfw. VI Tiger Ausf. B (Sd.Kfz. 182),
s.SS-Pz.Abt. 503, Ungarn, Budapest, 1945.

Pz.Kpfw. VI Tiger Ausf. B (Sd.Kfz. 182),
s.SS-Pz.Abt. 101, Frankreich, bei Beauvais, Mai 1944.

Elfenbein
RAL 1001

Dunkelgelb
RAL 7028
(1944) 1

Resedagrün
RAL 6011

Phosphatierung 1

Pz.Kpfw. VI Tiger Ausf. B (Sd.Kfz. 182),
s.SS-Pz.Abt. 101, Frankreich, Mons, September 1944.

Elfenbein
RAL 1001

Rot (Rotbraun)
RAL 8012

Grün
RAL 6007

Weiß
RAL 9001

Pz.Kpfw. VI Tiger Ausf. B (Sd.Kfz. 182),
unbekannte Einheit, Belgien, Dezember 1944.

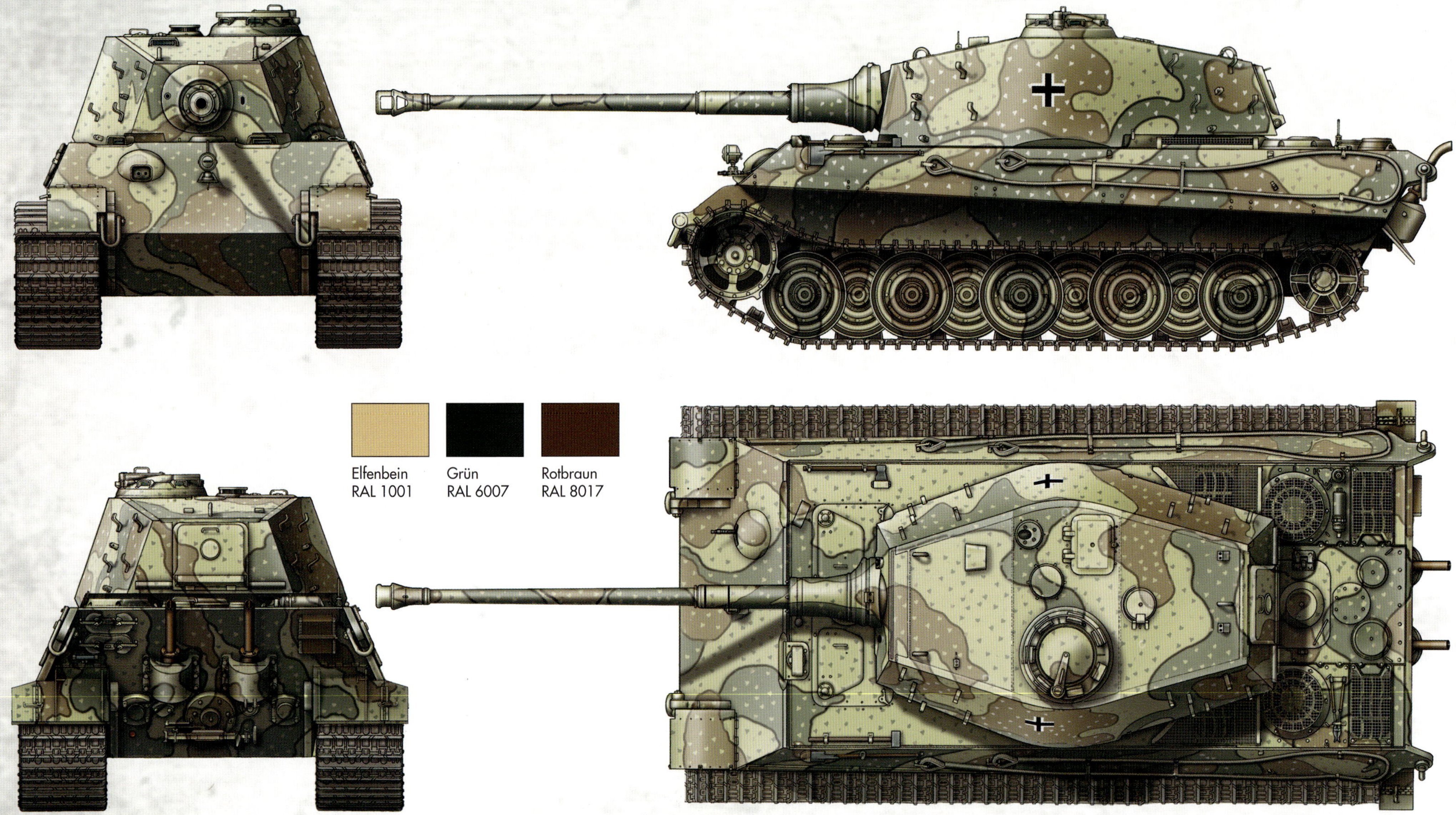
Elfenbein
RAL 1001
Grün
RAL 6007
Rotbraun
RAL 8017

Elfenbein RAL 1001

Grün RAL 6007

Rotbraun RAL 8017

Pz.Kpfw. VI Tiger Ausf. B (Sd.Kfz. 182),
s.Pz.Abt. 505, Reichsgebiet, Ohrdruf, 1944.

Elfenbein RAL 1001

Dunkelgelb RAL 7028 (1944) 1

Olivgrün RAL 6003

Phosphatierung 1

Pz.Kpfw. VI Tiger Ausf. B (Sd.Kfz. 182),
s.SS-Pz.Abt. 501, Belgien, Stavelot, 18. Dezember 1944.

Elfenbein
RAL 1001

Rotbraun
RAL 8017

Resedagrün
RAL 6011

Pz.Kpfw. VI Tiger Ausf. B (Sd.Kfz. 182),
s.SS-Pz.Abt. 501,
Belgien, La Gleize, Dezember 1944.

Elfenbein
RAL 1001

Rotbraun
RAL 8017

Grün
RAL 6007

Phosphatierung 3

Pz.Kpfw. VI Tiger Ausf. B (Sd.Kfz. 182),
3./s.Pz.Abt. 511, Reichsgebiet, Kassel, April 1945.

Rotbraun
RAL 8017

Grün
RAL 6007

Elfenbein
RAL 1001

Phosphatierung 3

Elfenbein
RAL 1001

Rotbraun
RAL 8017

Pz.Kpfw. VI Tiger Ausf. B (Sd.Kfz. 182),
s.Pz.Abt. 511, Reichsgebiet, Kassel, April 1945.

Elfenbein
RAL 1001

Grün
RAL 6007

Pz.Kpfw. VI Tiger Ausf. B (Sd.Kfz. 182),
3./s.Pz.Abt. 511, Reichsgebiet, Thale, April 1945.

Pz.Kpfw. VI Tiger Ausf. B (Sd.Kfz. 182),
s.SS-Pz.Abt. 501, Reichsgebiet, Engelsdorf, Dezember 1944.

Pz.Kpfw. VI Tiger Ausf. B (Sd.Kfz. 182),
s.Pz.Abt. 501, Polen, Kielce, September 1944.

DIE INTERPRETATION VON FARBEN

Die Interpretation von Farben auf Schwarz-Weiß-Fotos ist mit einigen Schwierigkeiten verbunden. Bei der Unterscheidung von Grautönen kommt es natürlich auch darauf an, wie gut diese wiedergegeben werden. Glücklicherweise sind in den letzten Jahren diverse Publikationen mit qualitativ hochwertigen Fotografien erschienen, die bei der richtigen Interpretation sehr hilfreich waren. Dennoch bleibt es eine knifflige Aufgabe, da einige Zwischentöne verschiedener Farben denselben Grauwert aufweisen, es also ohne verlässliche schriftliche Referenzen leicht zu Fehlinterpretationen kommen kann. Nimmt man die Logik zu Hilfe, können ein paar Panzer hierfür als Richtschnur dienen. Im Jahr 1944 etwa wurden über nahezu jedem Braunton vor allem Grüntöne aufgetragen. Daher haben wir auch diese gewählt, es sei denn, es lagen gegenteilige Beweise vor. Dieser Ansatz gilt allerdings nicht unbedingt für Fahrzeuge, die 1945 ausgeliefert wurden, wie man an einem Tiger II sieht, der von den Henschel-Werken in Kassel geliefert wurde und ganz eigentümliche Tarnflecken aufweist, die an Krakenarme erinnern. Bisher ging man immer davon aus, dass diese in rotbrauner Grundierung (RAL 8012) ausgeführt worden seien, bis ein Nachkriegsfarbbild erschien, das eindeutig ein sehr dunkles Grün, möglicherweise Flaschengrün (RAL 6007) zeigt. Dieses Foto stammt von W. Auerbach und ist in der Publikation „Panzer Wrecks 12. German Armour 1944-45" auf Seite 97 abgebildet. Die beiden vorherigen Seiten zeigen mehrere Schwarz-Weiß-Aufnahmen desselben Panzers, auf denen unterschiedliche Grauabstufungen auf der Wanne zu erkennen sind, aus denen sich entweder die Existenz mehrerer grüner oder von grünen und braunen Tarnfarben ableiten lässt. Außerdem wirkt der Grundanstrich sehr hell, fast schon wie Elfenbein (RAL 1001). Oder handelte es sich hier vielleicht sogar um phosphatiertes Metall? Nebenstehend finden Sie Farbprofile mehrerer Panzer mit verschiedenen Interpretationsmöglichkeiten der Graustufen auf Originalaufnahmen.

BIBLIOGRAFIE

- ARCHER, Lee / AUERBACH, William: *Panzerwrecks 11. Normandy 2*. Heathfield (GB) 2010.
- AUERBACH, William: *Last of the Panzers. German Tanks 1944-45 (Tanks Illustrated No. 9)*. London 1984.
- BUFFETAUT, Yves / RESTAYN, Jean: *D'Arnhem à Walcheren. L'Automne Perdu (1) Operation Market Garden*. Paris 1999.
- BUFFETAUT, Yves / RESTAYN, Jean: *La Campagne de Normandie (II) Normandie*. Paris 1993.
- BUFFETAUT, Yves / RESTAYN, Jean: *Les Panzer en Normandie*. Paris 1995.
- BUFFETAUT, Yves / RESTAYN, Jean: *Normandie, La percee (1) Operation Goodwood*. Paris 1997.
- BUFFETAUT, Yves / RESTAYN, Jean: *Normandie, La percee (2) Operation Cobra*. Paris 1998.
- CARIUS, Otto: *Tiger im Schlamm. Die 2. schwere Panzer-Abteilung 502 vor Narwa und Dünaburg*. Berg am See 1960.
- *Carros en Rusia IV (Euromodelismo)*. Madrid o. J.
- CULVER, Bruce / FEIST, Uwe: *Tiger I and Sturmtiger in Detail*. Retford (GB) 1994.
- CULVER, Bruce / GREER, Don: *Panther (Das Waffen-Arsenal Band 12)*. Friedberg 1975.
- CULVER, Bruce / GREER, Don: *Panzer Colours 2. Markings of the German Panzer Forces 1939-45*. London 1978.
- CULVER, Bruce / MURPHY, Bill / GREER, Don: *Panzer Colours. Camouflage of the German Panzer Forces 1939-45*. London 1976.
- CULVER, Bruce, GREER, Don / MANLEY, Perry: *Tiger in Action (Armor Number 27)*. Carrollton (USA) 1989.
- CULVER, Bruce: *Panzer Colours 3. Camouflage and Markings of the German Panzer Forces 1939-45*. London 1984.
- DE DIEGO VAQUERIZO, Carlos: *Tiger I E, schwere Panzerabteilung 509*, in: Panzer Aces N° 1. Madrid 2002.
- DE LANNOY, François: *La Bataille de Koursk*. Bayeux 1998.
- FEIST, Uwe / HARMS, Norm E: *Tiger I in Action (Armor Number 8)*. Carrollton (USA) 1973.
- FEIST, Uwe / NOWARRA, Heinz J: *The German Panzers from Mark I to Mark V "Panther"*. Fallbrook (USA) 1966.
- GARCIA GAZQUEZ, Joaquin: *Tiger I Ausf. E "späte Produktion"*, in: Panzer Aces N° 6. Madrid o. J.
- *German Heavy Tank Tiger II (1). (Ground Power N° 043)*. Tokio 1997.
- GUGLIELME, Daniele: *26. Panzer-Division. Campagna d'Italia 1943-1945*. Mailand 2001.
- HAASLER, Timm / MACDOUGALL, Roddy u.a.: *Duel in the Mist 2. The Leibstandarte During the Ardennes Offensive*. Heathfield (GB) 2011.
- HIHARA, Reiko: *Panzers in Saumur No. 1*. Tokio 1989.
- JENTZ, Thomas L. / DOYLE, Hilary L.: *Germany's Panzers in World War II from Pz.Kpfw. I to Tiger II*. Atglen (USA) 2001.
- JENTZ, Thomas L.: *Tiger at the Front*. Atglen (USA) 2001.
- JENTZ, Tom / DOYLE, Hilary / SARSON, Peter: *Kingtiger Heavy Tank 1942-45 (New Vanguard 1)*. London 1993.
- MARIE, Henry / BERNAGE, Georges / BENAMOU, Jean-Pierre / MARI, Laurent: *Villers-Bocage. Tigres au combat. Le champ de bataille*. Bayeux 1994.
- MARIE, Henry / SCHNEIDER, Wolfgang: *Villers-Bocage, Normandy 1944*. Bayeux 2011.
- MCNAIR, Ronald: *1944 - Les Panzers. Les divisions de panzers du Heer*. Bayeux 1991.
- NAKAJIMA, Hideya / GOTO, Hitoshi: *German Tanks of the Second World War*. Tokio 1978
- PALFFY, Steve / DE DIEGO VAQUERIZO, Carlos: *Tiger I, sch.Pz.Abt. 502, Winter 1943, in*: Panzer Aces N° 29. Madrid o.J.
- PALLUD, Jean-Paul: *Ardennes Album Memorial. 19 décembre 1944 -17 janvier 1945*. Bayeux 1994.
- PEREZ, Michel: *Pz.Kpfw. VI Tiger I "313" s.Pz.Abt. 505 (Model Laboratory N° 3)*. Madrid 1992.
- PIGNATO, Nicola: *Il Tigre. Storia e tecnica di un'arma leggendaria*. Rom 1977.
- QUARRIE, Bruce: *Panzers in North-West Europe (World War 2 Photo Album Number 5)*. Cambridge (GB) 1979.
- QUARRIE, Bruce: *Panzers in Russia 1943-45 (World War 2 Photo Album Number 12)*. Cambridge (GB) 1979.
- QUARRIE, Bruce: *Panzers in the Balkans and Italy (World War 2 Photo Album Number 19)*. Cambridge (GB) 1981.
- QUARRIE, Bruce: *Waffen-SS in Russia (World War 2 Photo Album Number 3)*. Cambridge (GB) 1978.
- RESTAYN, J. / MOLLER, N: *Operation "Citadel" - a Text and Photo Album*. Kanada 2002.
- SCHEIBERT, Horst: *Panzer. Die Bilddokumentation der deutschen Kampfpanzer des Zweiten Weltkrieges*. Friedberg 1987.
- SCHNEIDER, Wolfgang: *Der „Königstiger" 2. Band. Entwicklung, Verbände, Einsatz, Verbleib (Das Waffen-Arsenal Band 111)*. Friedberg 1988.
- SCHNEIDER, Wolfgang: *Tiger im Kampf I*. Uelzen 2010.
- SCHNEIDER, Wolfgang: *Tiger im Kampf II*. Uelzen 2012.
- *Soviet Armored Forces 1939-45 (2) (Ground Power N° 048)*. Tokio 1998.
- SPIELBERGER, Walter J. / FEIST Uwe: *Panzerkampfwagen V Panther*. Kalifornien 1977.
- *Tiger II in Detail, US M3/M5 Light Tank at War (Ground Power N° 053)*. Tokio o.J.
- TOLEDO MIRANDA, Juan Carlos: *Tiger II Ausf. B*, in: Panzer Aces N° 8. Madrid o.J.
- TROJCA, Waldemar: PzKpfw. V Panther, Vol. 1. Warschau 1999.
- TROJCA, Waldemar: PzKpfw. V Panther, Vol. 2. Warschau 1999.
- TROJCA, Waldemar: PzKpfw. V Panther, Vol. 3. Warschau 1999.
- TROJCA, Waldemar: PzKpfw. V Panther, Vol. 4. Warschau 2001.
- VEGA MARTIN, Enrique: *Tiger II Spät*, in: Panzer Aces N° 3. Madrid o.J.
- WISE, Terence: *D-Day to Berlin. Armour Camouflage and Markings oft he United States, British and German Armies, June 1944 to May 1945*. London 1979.
- *WWII Military Vehicle Photo File 1 - German Army Vol. 1 (Tank Magazine Special Issue December 1993)*. Tokio 1993.
- YOSHIKATSU, Tomioka / MOTOFUMI, Kobayashi: *Der Panzerkampfwagen Tiger an der Front. Bildband und Tiger-Fibel im Bild*. Tokio 1998.
- YOSHIKATSU, Tomioka: *Der Deutsch Panzer und Militärfahrzeuge. Bildband*. Tokio 1999.
- ZALOGA, Steven J. / GRANDSEN, James: *The Eastern Front. Armour Camouflage and Markings 1941 to 1945*. London 1983.